普通高等教育数据科学与大数据技术系列教材

Python 编程基础与医学统计数据分析

罗莹　杜亚洲　王伟东　武星　吕俊峰　编

電子工業出版社
Publishing House of Electronics Industry
北京·BEIJING

内容简介

《Python 编程基础与医学统计数据分析》是一本适用于大学本科计算机基础课程的教材。全书共 10 章，前 8 章先从认识 Python 入手，逐步深入介绍 Python 语法基础、基本和组合数据类型、控制结构、函数等编程基础知识，然后讲解标准库、文件操作，以及科学计算与数据分析；后 2 章聚焦医学领域，讲解科学计算与数据分析知识，并结合实际案例展示医学数据分析的具体应用。

本书适合计算机相关专业及医学专业的本科生阅读，也可供对 Python 编程和医学统计数据分析感兴趣的自学者参考，能帮助读者掌握 Python 编程技能，运用其解决医学领域的实际问题。

图书在版编目（CIP）数据

Python 编程基础与医学统计数据分析 / 罗莹等编.
北京 : 电子工业出版社, 2025. 8 (2025. 11 重印). -- ISBN 978-7-121
-50996-4

Ⅰ. TP312.8；R195.1

中国国家版本馆 CIP 数据核字第 2025FP8527 号

责任编辑：刘小琳　　特约编辑：张启龙
印　　刷：北京建宏印刷有限公司
装　　订：北京建宏印刷有限公司
出版发行：电子工业出版社
　　　　　北京市海淀区万寿路 173 信箱　邮编 100036
开　　本：787×1 092　1/16　印张：17　字数：403 千字
版　　次：2025 年 8 月第 1 版
印　　次：2025 年 11 月第 2 次印刷
定　　价：78.00 元

凡所购买电子工业出版社图书有缺损问题，请向购买书店调换。若书店售缺，请与本社发行部联系，联系及邮购电话：（010）88254888，88258888。

质量投诉请发邮件至 zlts@phei.com.cn，盗版侵权举报请发邮件至 dbqq@phei.com.cn。

本书咨询联系方式：liuxl@phei.com.cn，（010）88254538。

前　言

在当今数字化时代，信息技术飞速发展，计算机编程能力已成为各专业学生不可或缺的技能。Python 作为一种简洁、高效且功能强大的编程语言，在科学计算、数据分析等领域得到了广泛应用。特别是在医学领域，Python 在医学统计数据分析、医学图像处理等方面发挥着越来越重要的作用。为了满足大学本科计算机基础课程教学需求，培养学生运用 Python 进行医学统计数据分析的能力，作者编写了这本《Python 编程基础与医学统计数据分析》。

本书内容丰富且系统。从基础的 Python 编程知识开始，第 1 章引导读者认识 Python，让初学者对这门语言有初步的了解。第 2 章深入讲解 Python 语法基础，为后续的学习打下坚实的根基。第 3～5 章分别介绍基本数据类型、组合数据类型和控制结构，帮助读者掌握 Python 编程的核心要素。第 6～8 章则围绕函数、标准库和文件的操作展开，使读者能够编写更复杂、更实用的程序。在此基础上，第 9 章着重介绍科学计算与数据分析，让读者了解如何运用 Python 进行数据处理和分析。第 10 章通过具体的医学数据分析案例，将前面所学的知识融会贯通，让读者在实际应用中加深对知识的理解和掌握。

在本书的编写过程中，分工明确。罗莹、杜亚洲、王伟东 3 名老师承担了主要的编写工作，他们凭借丰富的教学经验和专业知识，精心组织每个章节的内容，力求让读者能够轻松学习和掌握。武星和吕俊峰 2 名老师负责对全书进行仔细的检查和校验，确保内容的准确性和严谨性。

同时，我们要特别感谢中国石油大学（北京）克拉玛依校区的贾志洋教授和新疆医科大学的李莉副教授等专家，他们在本书的编写过程中提出了许多宝贵的意见和建议，为本书的质量提升提供了重要保障。此外，还要感谢所有支持和帮助过作者的同事、朋友及家人。正是他们的鼓励和支持，让作者能够顺利完成本书的编写工作。

希望本书能够为大学本科计算机基础课程的教学提供有力的支持，帮助学生掌握 Python 编程技能，提升医学统计数据分析能力，为他们未来的学习和工作打下坚实的基础。由于时间和水平有限，书中难免存在不足之处，敬请广大读者批评指正。

编　者

本书涉及的代码可扫描二维码获取

目　录

第1章

认识 Python

本章介绍了 Python 高级程序设计语言的背景、特点及应用领域。自 20 世纪 80 年代末由 Guido van Rossum 构想了 Python 以来，Python 经历了多个重要版本的迭代，从最初的 0.9.0 版本到 2008 年发布的 3.0 版本，逐渐成为当今重要的高级程序设计语言之一。Python 以其高级、解释型、动态类型、系统和强大的标准库著称，它支持多种编程范式，并强调代码的可读性和简洁性。此外，Python 拥有活跃的社区，提供了大量的第三方库，涵盖 Web 开发、科学计算、人工智能等多个方面。在应用领域中，Python 不仅在网络开发中扮演重要的角色，还广泛应用于数据科学与数据分析、人工智能、网络安全、多媒体技术、游戏开发、医学应用、金融分析、物联网、自动化与脚本编写等前沿技术领域。例如，在医学领域，Python 能够处理复杂的临床数据并辅助诊断；在金融领域，Python 用于开发交易策略和风险评估模型。Python 简单易学的特点非常适合初学者，丰富的集成开发环境（Integrated Development Environment，IDE）和工具也为专业开发者提供了高效的编程环境。本章简要介绍了如何在 Windows 操作系统中搭建 Python 集成开发环境，包括下载、安装与验证 Python，及常用 IDE 的安装方法，创建第一个 Python 文件，为读者提供实践指导。本章思维导图如图 1-1 所示。

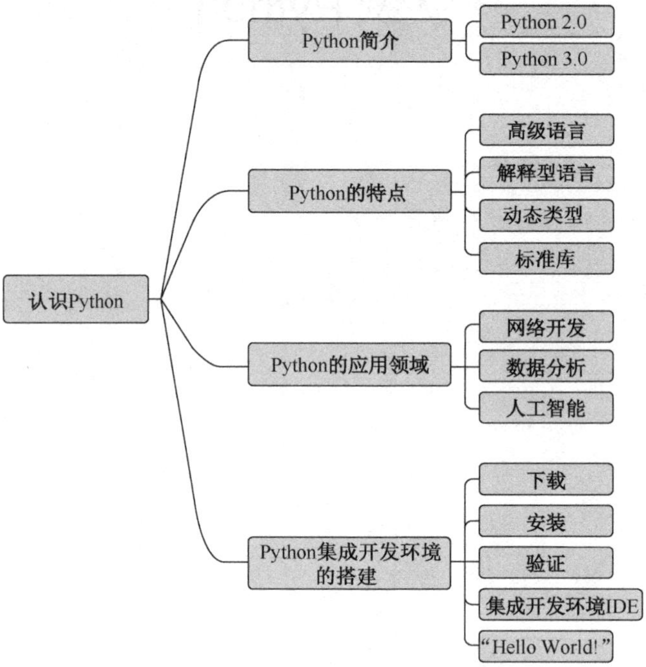

图 1-1　本章思维导图

1.1　Python 简介

1. 20 世纪 80 年代末——Python 诞生

Python 是一种高级程序设计语言，是由荷兰程序员吉多·范罗苏姆（Guido van

Rossum）于 20 世纪 80 年代末构想出来的。当时，吉多·范罗苏姆在荷兰国家数学与计算机科学研究中心（Centrum Wiskunde & Informatica，CWI）工作，基于对 ABC 语言的改进想法，他开始编写 Python 语言的解释器。ABC 语言是他当时正在使用的编程语言，而 Python 是为了解决 ABC 语言中存在的一些问题，同时提供一种介于 Shell 脚本和传统高级编程语言之间的灵活的选择。Python 这个名字来源于吉多·范罗苏姆喜爱的喜剧团体——Monty Python，同时也巧妙地契合该语言灵活多变、易于上手的特性。

2. 1991 年——Python 0.9.0 发布

1991 年，Guido 发布了 Python 的第一个公开版本 0.9.0。这个版本有着如今依然被广泛使用的许多核心特性，如类、函数和异常处理等。

3. 1994 年——Python 1.0 版本发布

1994 年，Python 1.0 正式发布，这一版本引入了若干重要的新功能，包括 lambda、map 和 filter 函数，这些功能显著地增强了 Python 的编程能力和灵活性。

4. 2000 年——Python 2.0 版本发布

随着互联网的兴起，Python 也进入了快速发展时期。2000 年，Python 2.0 发布，这一版本引入了垃圾收集系统和对 Unicode 的支持，这些新特性极大地扩展了 Python 的适用范围，使其能够更好地适应现代计算环境的需求。

5. 2008 年——Python 3.0 版本发布

为了改进 Python 的一些基本设计问题，2008 年，Python 3.0（也称为“Python 3000”或简称“Py3k”）发布。这是一个重大的版本迭代，不完全向后兼容 Python 2.x。Python 3.0 解决了许多旧版本中存在的设计问题，并引入了一系列新的语言特性，进一步提升了语言的现代化水平和编程体验。

6. 21 世纪 10 年代——Python 被广泛采用

进入 21 世纪 10 年代，Python 成为数据科学、机器学习、Web 开发等多个领域的首选高级程序设计语言之一。Python 社区在全球范围内迅速壮大，各种框架和库的出现，如 Django、Flask、NumPy、Pandas、scikit-learn 和 TensorFlow，进一步推动了 Python 的发展。这些工具不仅丰富了 Python 的生态系统，还极大地拓展了其在不同场景中的应用范围。

7. 当前——Python 的现状

截至今日，Python 拥有活跃且庞大的社区，每年都有大量新用户加入。Python 被认为是最容易学习的高级程序设计语言之一，强大和灵活的特性使其成为专业人士的首选工具。Python 不断发展，持续适应不断变化的技术需求，保持在计算机程序设计语言领域的领先地位。

1.2 Python 的特点

Python 不仅是一门高级程序设计语言，还是一种解释型的语言，特点如下。

1. 高级程序设计语言

Python 是一种高级程序设计语言，它可以以接近自然语言的方式编写程序。这种易读性和直观性使 Python 非常适合编程初学者，也方便专业人士快速开发应用。

2. 解释型语言

Python 是一种解释型语言，程序在执行之前不需要编译成机器语言。这一特点使 Python 程序可以跨操作系统（Windows、Linux、Mac 等操作系统）运行，并且在开发过程中可以即时看到运行结果，提高开发效率。

3. 动态类型

Python 使用动态类型系统，变量在使用前无须声明其类型。这种灵活性使 Python 编程更加便捷，但这也要求开发者在编码时应更加注意类型错误。

4. 强大的标准库

Python 拥有一个丰富的标准库，这个标准库提供了大量的模块和函数，涵盖了从文件操作到网络通信等多个方面。这简化了编程任务，使开发者能够更高效地完成工作。

5. 社区和第三方库

除了官方的标准库，Python 还拥有一个庞大且活跃的社区，贡献了大量的第三方库和框架。这些库和框架覆盖了几乎所有的软件开发领域，从 Web 开发（Django、Flask）到科学计算（NumPy、Pandas）再到人工智能（TensorFlow、scikit-learn、Pytorch）等。

6. 开源

Python 是一个开源项目，它的源代码是公开的，任何人都可以查看、修改和分发。开源特性促进了 Python 的广泛使用和社区的蓬勃发展，也使 Python 可以持续改进和创新。

7. 可读性和简洁性

Python 强调代码的可读性和简洁性，适于使用清晰的语法和结构编写代码。这种设计有助于团队协作和代码的长期维护，使代码更易于理解和修改。

8. 多种编程范式的支持

Python 支持多种编程范式，包括面向对象编程、函数式编程及过程化编程。这种多种编程范式的支持使 Python 可以适应不同的编程风格和项目需求，为开发者提供了更强的灵活性。

Python 的这些特点使其成为当今重要的高级程序设计语言之一，Python 无论是在学术界还是在工业界都得到了广泛地应用。

1.3 Python 的应用领域

Python 作为一种功能强大且易于学习的高级程序设计语言，被广泛应用于多个领域。其主要应用领域如下。

1. 网络开发

Python 在网络开发领域的应用广泛，主要得益于其高效的开发速度和丰富的框架生态系统，这使得开发者能够快速构建和部署功能强大的 Web 应用程序。Python 的主要框架包括：Django、Flask、Pyramid 等。Python 的主要应用实例包括：社交网站、电子商务平台、新闻网站、论坛、大规模企业级应用等。

2. 数据科学与数据分析

Python 在数据科学与数据分析领域有丰富的库生态系统，已成为研究人员、数据分析师和企业在数据处理、分析和可视化工作中的首选高级程序设计语言。Python 的主要库包括：NumPy（数值计算）、Pandas（数据处理和分析）、SciPy（统计分析、优化、信号处理）、Matplotlib（数据可视化）等。通过 Python 的基础库，对医学研究和临床实践中生成的大量数据进行数据清洗、整理和统计分析，研究人员可以从复杂的数据集中提取有价值的信息，支持科学决策和临床判断。

3. 人工智能

Python 是人工智能领域的主导语言，其简洁的语法和强大的库的支持，使机器学习模型开发、训练和部署更加高效。Python 的主要库包括：scikit-learn（机器学习）、TensorFlow（深度学习）、Keras（深度学习）、PyTorch（深度学习）等。Python 的主要应用实例包括：自然语言处理、图像识别、语音识别、推荐系统等。在医学领域，Python 被用于自动识别医学影像中的异常病变（结节、肿瘤等），提高了诊断的准确性和效率。基于患者的历史健康数据、基因信息和生活习惯，Python 模型可以向患者推荐个性化的治疗方案。

4. 网络安全

Python 在网络安全领域的应用极为广泛和多样。凭借丰富的库和工具，Python 成为网络安全专家、渗透测试人员、漏洞分析师和自动化工程师的首选高级程序设计语言之一。Python 的主要库包括：Scapy（网络数据包处理）、Nmap（网络扫描）、Paramiko（远程服务器管理）、PyCrypto 和 Cryptography（加密和解密）等。Python 的主要应用实例包括：网络扫描、漏洞检测、渗透测试、数据包捕获和分析、加密通信等。

5. 多媒体技术

Python 拥有众多专为多媒体开发设计的库和框架，覆盖了图像处理、视频编辑、音频处理、GUI 开发等各个方面。Python 的主要库包括：OpenCV（图像处理）、Pillow（图像处理）、Pygame（游戏开发）、MoviePy（视频编辑）、Pydub（音频处理）等。Python 的主要应用实例包括：图像识别、视频剪辑、音频编辑、GUI 开发等。

6. 游戏开发

Python 虽然不是游戏开发的主要语言，但简单和强大的库使其在游戏开发中的特定场景下具有一定优势。Python 的主要库包括：Pygame（2D 游戏开发）、Panda3D（3D 游戏开发）、Arcade（2D 游戏开发）等。Python 的主要应用实例包括：2D 游戏开发、教育游戏、原型开发等。

7. 医学应用

Python 在医学领域的应用日益广泛，其凭借简洁的语法、强大的库生态系统及活跃的社区支持，已成为医学研究、临床实践和医疗管理的重要工具。Python 的主要库包括：Pandas、SciPy、Biopython（生物信息学）、scikit-learn、TensorFlow、PyTorch（机器学习）、Matplotlib、Seaborn、Plotly（数据可视化）等。Python 的主要应用实例包括：临床试验数据分析、医学影像识别、生物序列分析、个性化治疗方案推荐、疾病传播趋势分析等。

8. 金融分析

Python 在金融领域的应用非常广泛，特别是在金融数据分析、风险管理、交易策略开发等领域。Python 的主要库包括：Pandas、NumPy、SciPy、Matplotlib、Seaborn、QuantLib（金融计算）、Pandas-Datareader（金融数据获取）等。Python 的主要应用实例包括：股票市场分析、期货交易策略开发、风险评估、投资组合管理等。

9. 物联网

Python 在物联网（Internet of Things，IoT）领域的应用也非常广泛，特别是在设备控制、数据采集和处理等方面。Python 的主要库包括：RPi.GPIO（树莓派 GPIO 控制）、Adafruit CircuitPython（微控制器编程）、MQTT（消息队列协议）等。Python 的主要应用实例包括：智能家居系统、环境监测、工业自动化等。

10. 自动化与脚本编写

Python 在自动化任务和脚本编写方面具有优势，可以提高工作效率。Python 的主要库包括：Selenium（Web 自动化）、BeautifulSoup（网页抓取）、Requests（HTTP 请求）、Paramiko（SSH 自动化）等。Python 的主要应用实例包括：网页爬虫、数据抓取、自动化测试、系统管理脚本等。

1.4 Python 集成开发环境的搭建

本书主要面向医学院校的学生，故只介绍在 Windows 操作系统中搭建 Python 集成开发环境。以下是详细的步骤指导。

1. 下载 Python

（1）访问 Python 官方网站。

（2）在首页找到并单击“Downloads”下的 Windows 版本链接。

（3）下载最新稳定版的 Python 安装包。

2. 安装 Python

（1）双击下载好的安装包，下面以 Python 3.13.0（64-bit）版本为例，打开安装向导，如图 1-2 所示。

图 1-2　安装向导

（2）在安装向导中勾选“Add python.exe to PATH”复选框，以添加环境变量如图 1-3 所示。

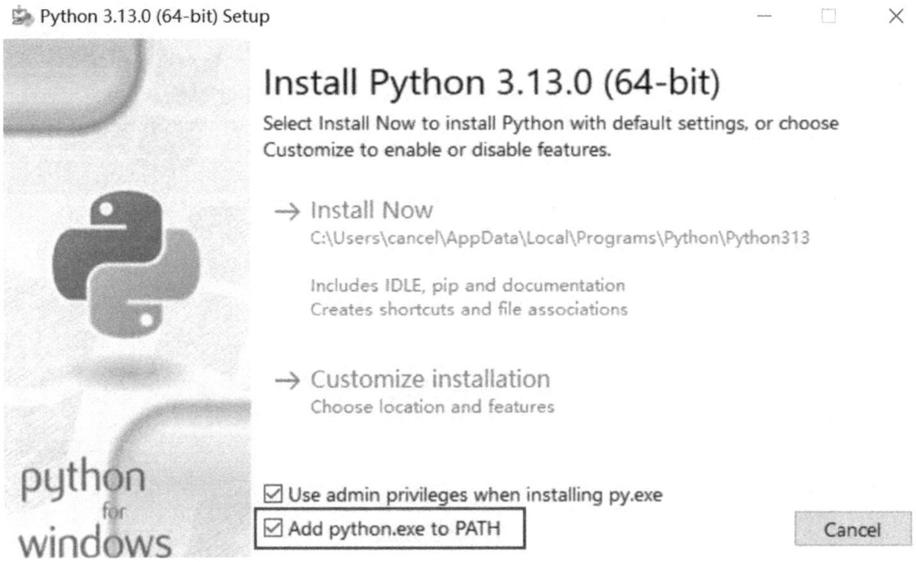

图 1-3　添加环境路径

（3）选择“Customize installation”选项自定义安装路径或进行其他高级设置，或者直接选择“Install Now”选项开始安装，如图 1-4 所示。

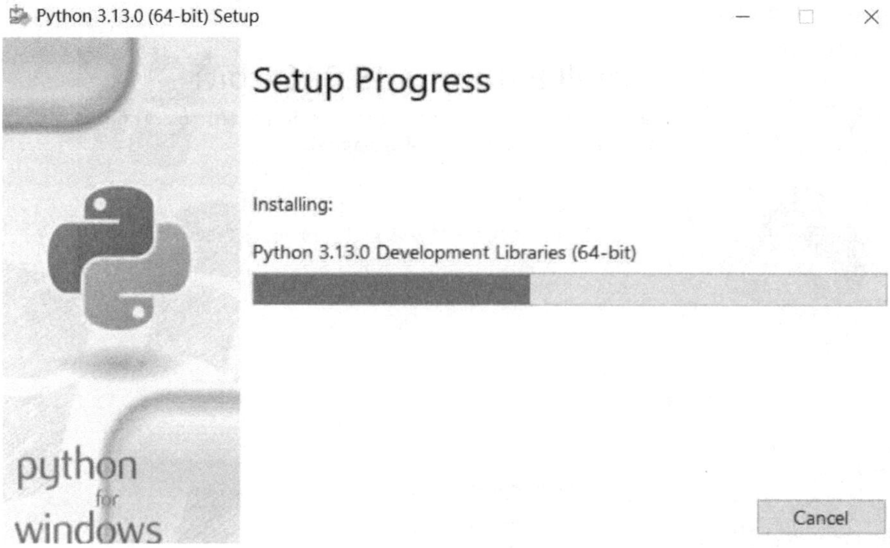

图 1-4　安装过程

（4）安装完成后，单击“Close”按钮关闭安装，如图 1-5 所示。

图 1-5　安装完成

3. 验证安装

（1）按组合键“Win+ R”，输入命令“cmd”，按 Enter 键打开命令提示符 DOS 窗口如图 1-6 所示。

图 1-6　DOS 窗口

（2）输入命令“python-version”，检查 Python 是否正确安装。

如果安装成功，可以看到 Python 的版本号，如图 1-7 所示。

图 1-7　Python 版本号

4. 安装集成开发环境

虽然可以使用简单的文本编辑器编写 Python 代码，但功能强大的 IDE 可以提高开发效率。以下是常用的 Python IDE。

PyCharm：功能强大，支持多种编程语言，适合专业开发者。

Visual Studio Code(VS Code)：轻量级且高度可扩展，通过安装插件支持 Python。

（1）安装 PyCharm。

① 访问 PyCharm 官方网站。

② 下载社区版（免费）或专业版（付费）。

③ 按照安装向导的指示完成安装。

（2）安装 Visual Studio Code。

① 访问 VS Code 官方网站。

② 下载适用于 Windows 操作系统的安装包。

③ 按照安装向导的指示完成安装。

④ 安装完成后，打开“VS Code”，单击“Extensions”按钮，搜索并安装“Python”插件。

5. 创建第一个 Python 文件

（1）打开 Python 自带的 IDE，如图 1-8 所示。

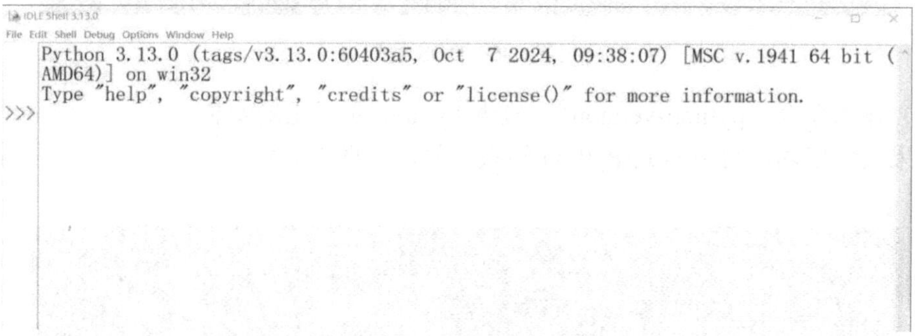

图 1-8　打开 Python 自带的 IDE

（2）创建一个新的 Python 文件，如图 1-9 所示。

图 1-9　创建一个新的 Python 文件

（3）在文件中输入 print(“Hello, World!”)代码，如图 1-10 所示。

图 1-10　输入 print(“Hello, world!”)

（4）在大多数的 IDE 中，可以通过单击“运行”按钮或按快捷键，通常是 F5 键或组合键“Ctrl+F5”运行文件。运行时会弹出提示保存的对话框，默认的保存位置是安装环境，通常要更换保存位置，可以将其保存到桌面或其他文件夹内，如图 1-11 和图 1-12 所示。

图 1-11　提示保存

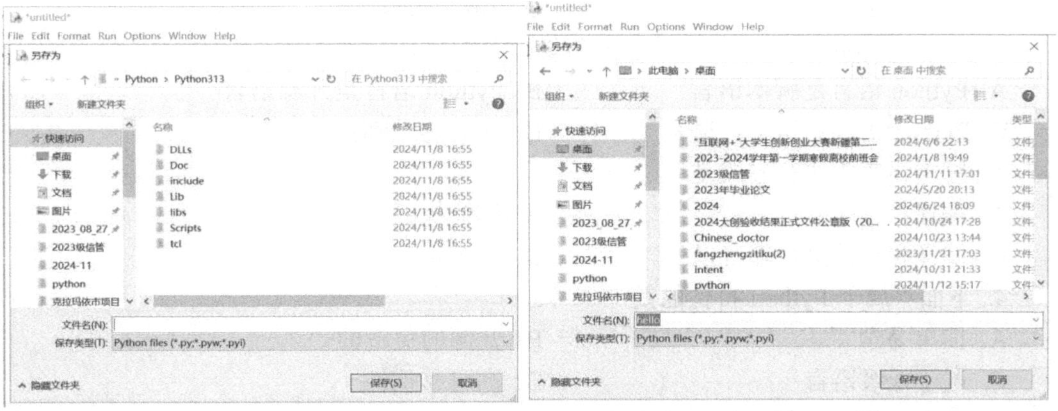

图 1-12　Python 文件保存

本章小结

本章概述了 Python 高级程序设计语言的背景、特点及其应用领域。自 20 世纪 80 年代末被构想出来以来，Python 历经多次重要版本的迭代，从 1991 年的 0.9.0 版本到 2008 年的 3.0 版本，得到不断的改进和完善，成为一门广泛使用的高级程序设计语言。它以高级、解释型、动态类型和强大的标准库著称，支持多种编程范式，如面向对象、函数式和过程化编程，极大地提高了开发效率和使用的灵活性。

Python 的应用范围广泛，不仅在网络开发中凭借 Django、Flask 等框架快速构建和部署 Web 应用，还在数据科学与数据分析领域通过 NumPy、Pandas 等库进行高效的数据处理与分析。此外，Python 是人工智能研究的首选工具，能够利用 scikit-learn、TensorFlow 等库加速机器学习模型的开发、训练和部署。在网络安全、多媒体技术、游戏开发、医学应用、金融分析、物联网及自动化与脚本编写等方面，Python 扮演了重要的角色，为各行业提供了强有力的技术支持。

为了帮助读者入门，本章还详细介绍了如何在 Windows 操作系统中搭建 Python 集成开发环境，包括下载与安装 Python，验证安装是否成功，以及选择和安装合适的集成开发环境（IDE），如 PyCharm 或 Visual Studio Code，并指导读者创建和运行第一个 Python 文件。通过这些内容的学习，读者可以了解 Python 编程，开启自己的编程之旅。

课后习题

一、选择题

1. Python 语言是由（　　）创造的。

A. Dennis Ritchie　　B. Linus Benedict Torvalds

C. Guido van Rossum　　D. Tim Peters

2. 关于 Python 语言的特点，以下说法正确的是（　　）。

A. Python 语言是脚本语言　　B. Python 语言是开源语言

C. Python 语言是跨平台语言　　D. 所列选项都正确

3. 脚本语言的执行方式是（　　）。

A. 编译执行　　B. 解释执行

C. 编译和解释执行都可以　　D. 所列选项都不是

4. 下面不属于 Python 特性的是（　　）。

A. 简单易学　　B. 开源的免费的

C. 属于低级语言　　D. 高可移植性

5. Python 脚本文件的扩展名为（　　）。

A. .python　　B. .py

C. .pt　　D. .pg

6. 以下选项中不属于 Python 语言特点的是（　　）。

A. 支持中文　　B. 平台无关

C. 语法简洁　　D. 执行高效

7. 关于 Python 语言的特点，以下选项中描述错误的是（　　）。

A. Python 语言是脚本语言　　B. Python 语言是非开源语言

C. Python 语言是跨平台语言　　D. Python 语言是多模型语言

8. Python 解释器的提示符为（　　）。

A. >　　B. >>　　C. >>>　　D. #

9. Python 内置的集成开发工具是（　　）。

A. PythonWin　　B. Pydev　　C. IDE　　D. IDLE

10. Python 语言适合哪些领域的计算问题（　　）。

A. 数据处理和文本挖掘　　B. 工程建模和人工智能

C. 创意绘图和随机艺术　　D. 所列选项都正确

二、简答题

1. 简要介绍 Python 的特点。

2. 简述 Python 的主要应用领域。

第 2 章

Python 语法基础

在编程的世界里，Python 以其代码的简洁性和易读性脱颖而出，成为全球数百万开发者的首选高级程序设计语言之一。无论是初学者还是专业人士，Python 都为其提供了一个强大的平台，用于快速构建从简单脚本到复杂应用程序的各类项目。本章将带领读者走进 Python 的基础语法世界，为其编程之旅奠定坚实的基础。

首先，掌握变量与常量的区别及保留关键字。然后，深入了解注释的重要性，了解如何用它们来提高代码的可读性和可维护性。缩进规则是 Python 编程中不可或缺的一部分，它不仅定义了代码块，也体现了 Python 对代码简洁性的重视。最后，还将学习数据类型、运算符与其等价表达式的使用方法，探索 Python 中基本输入输出函数，学习如何与用户互动及如何展示信息。

通过一系列的实例，读者可以更直观地理解这些概念，并学会如何运用它们来解决问题。随着对 Python 语法基础的逐步掌握，读者能够编写出更加清晰、高效且功能丰富的程序。本章思维导图如图 2-1 所示。

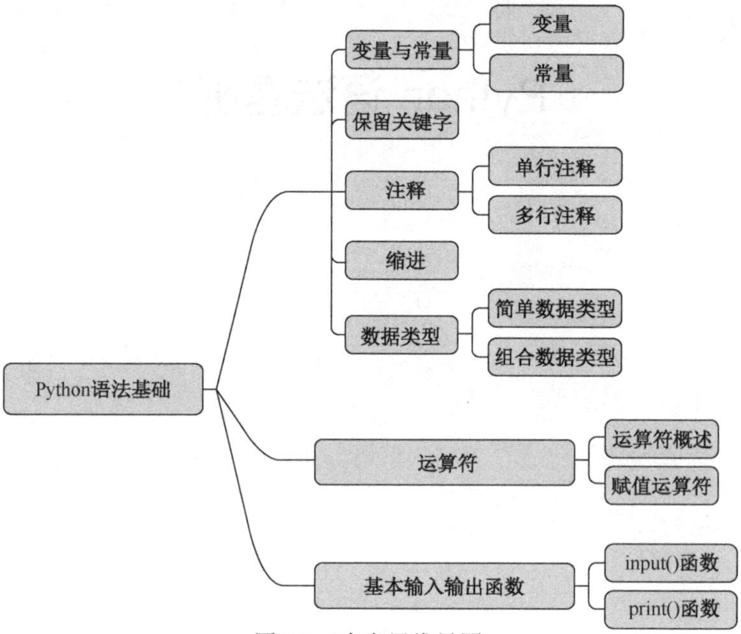

图 2-1　本章思维导图

2.1　变量与常量

在 Python 中，变量和常量是用于存储数据的基本概念。下面将详细介绍变量和常量的区别。

2.1.1　变量

变量（Variables）是存储数据的容器。它们可以在程序运行过程中被创建、修改和删除。Python 使用动态类型系统，变量在使用前不需要显式声明其类型，直接赋值即可。初次定义变量时必须给它一个初始值。其定义语法如下。

变量名 = 初始值

变量名命名规则如下：

（1）变量名可以由字母（a～z, A～Z）、数字（0～9）、中文和下画线（_）组成，但不能以数字开头。

（2）以下画线（_）开头的变量名在 Python 中有特殊含义，不建议使用下画线（_）作为开头。

（3）建议使用有意义的单词或拼音缩写等作为变量名。

（4）Python 变量名不能与保留关键字（本章 2.2 小节介绍）相同。

（5）Python 区分大小写，因此 myVariable 和 myvariable 是两个不同的变量。

例如：

```
#创建变量并赋值
>>> myVariable=10
>>> myvariable=20
```

由于变量实际存储的只是对象的引用，而非对象本身，通过运算符“=”可以使已经定义的变量引用其他对象，并且由于 Python 使用动态类型系统，再次引用不受对象类型的限制。

例如：

```
#修改变量的值
>>> myVariable="Hello, World! "
>>> myvariable = "Goodbye, World!"
```

2.1.2 常量

上文的 10，20，“Hello, World!”“Goodbye, World!”在程序中使用的时候称为常量（Constants），在程序运行过程中不会被改变。不同数据类型（本章 2.5 小节介绍）都有对应的常量。

2.2 保留关键字

Python 的保留关键字是语言中预定义的词汇，具有特殊的含义和用途。这些关键字不能用作变量名、函数名或其他标识符的名称。Python 3.10 及之后的版本中有 35 个保留关键字。了解这些关键字有助于避免命名冲突，并帮助读者更好地理解和编写 Python 代码。保留关键字说明如表 2-1 所示。

表 2-1 保留关键字说明

关 键 字	说 明
False	布尔值，表示假
None	表示空值或不存在的对象
True	布尔值，表示真
and	逻辑与运算符
As	用于 import 语句中的别名，或在 with 语句中指定上下文管理器
assert	断言语句，用于调试时检查条件是否为真
async	定义异步函数或协程
await	暂停异步函数的执行，直到等待的协程完成
break	终止循环
class	定义类
continue	跳过当前循环的剩余部分，继续下一次迭代
def	定义函数
del	删除对象或对象的属性
elif	条件语句 if 的扩展，表示“否则如果”
else	条件语句 if 的扩展，表示“否则”
except	异常处理语句，捕获异常
finally	异常处理语句，无论是否发生异常都会执行
for	定义 for 循环
from	用于 import 语句，从模块中导入特定内容
global	声明全局变量，允许在函数内部修改全局变量
if	条件语句，用于根据条件执行不同的代码块
import	导入模块或包
in	用于 for 循环或成员测试
is	比较两个对象的身份（即它们是否是同一个对象）
lambda	定义匿名函数
nonlocal	声明非局部变量，允许在嵌套函数中修改外层函数的变量
not	逻辑非运算符
or	逻辑或运算符
pass	空语句，占位符，表示什么都不做
raise	抛出异常
return	从函数返回值
try	异常处理语句，尝试执行可能引发异常的代码
while	定义 while 循环
with	上下文管理语句，确保资源正确释放
yield	生成器函数中的关键字，用于返回生成器对象的下一个值

Python 3.5 版本有 33 个保留关键字。随着 Python 版本的更新，新的关键字可能被引入，因此建议在编写代码时始终参考最新的官方文档。

2.3　注释

注释是代码中用于解释或记录信息的部分，不会被解释器执行。它们的主要目的是提高代码的可读性和可维护性，帮助开发者理解代码的功能和逻辑。Python 支持两种类型的注释：单行注释和多行注释。

2.3.1　单行注释

使用“#”符号创建单行注释。它可以独占一行，也可以跟在某条语句之后，从“#”开始直到行尾的所有文本都被视为注释。

例如：

```
>>> #这是一个单行注释
>>> print("Hello, World!")                          #这个注释解释了这一行的作用
>>> x = 10                                          #定义一个变量 x，并赋值为 10
```

注意事项如下：

（1）单行注释通常用于简短地说明或解释某一行代码的具体功能。

（2）注释应尽量简洁明了，避免冗长复杂的描述。

（3）建议在注释与代码之间保留一个空格，以提高可读性。

2.3.2　多行注释

当注释内容较多，单行注释不能描述清楚时，可使用多行注释。Python 使用“'''”或“"""”作为多行注释的开始和结束符号，在三引号内的内容均被视为注释。

例如：

```
>>> """
... 这是一个多行注释的例子。
... 我们可以在这里写下更多的信息。
... 比如函数的参数说明、返回值等。
>>> """
def example_function():
    """
    这是一个简单的示例函数。
    它没有参数，也不返回任何值。
    """
    print("This is an example function.")
```

注意事项如下：

（1）注释通常不是必需的，它只是为了保证程序的可读性和可维护性而添加的描述内容。

（2）注释通常放在模块、类或函数的开头，用于描述其功能、参数和返回值。第一行通常是摘要，后面可以紧跟更详细的说明。

2.4 缩进

Python 是一种注重代码格式的高级程序设计语言，尤其在缩进方面有严格的要求。与其他程序设计语言不同，Python 使用缩进来定义代码块，而不是使用大括号“{}”或关键字（begin 和 end）。正确的缩进不仅影响代码的可读性，还直接影响代码的执行逻辑。如果缩进不正确，Python 解释器会抛出 IndentationError 异常。

Python 中的一个独特特性就是它的缩进规则。缩进不仅是代码风格的一部分，还是语言语法的一部分。正确地使用缩进对于编写有效的 Python 代码至关重要。

一致性：在同一个代码块中，所有的语句都应具有相同的缩进量。通常，一个缩进层级使用 4 个空格。

```
if True:
    print("这是条件为真时执行的代码")
嵌套结构：当有多个嵌套结构时，每个内部结构比外部结构多缩进一层。
if True:
    if False:
        print("这不会被执行")
    else:
        print("这是外部 if 语句为真，内部 if 语句为假时执行的代码")
错误示例：如果缩进不一致或不正确，Python 解释器会抛出 IndentationError 异常。
if True:
print("这会导致 IndentationError")  #错误的缩进
```

2.5 数据类型

Python 提供了丰富的数据类型，用于存储和操作不同类型的数据。根据数据的复杂程度，Python 的数据类型可以分为简单数据类型和组合数据类型（也称为复合数据类型）。每种数据类型都有特定的用途和操作方式。

2.5.1 简单数据类型

简单数据类型是不可变的，即一旦被创建后，它们的值就不能被修改。Python 中的简单数据类型如下。

1. 数字类型

Python 支持 3 种主要的数字类型：整数（int）、浮点数（float）和复数（complex）。

整数：整数是没有小数部分的数字，可以是正数、负数或零。

Python 的整数没有大小限制，理论上可以表示任意大的整数（受限于可用内存）。

```
x = 42
y = -100
z = 0
```

浮点数：浮点数是有小数部分的数字，通常用于表示实数。

Python 使用 IEEE 二进制浮点数算术标准（IEEE 754）中规定的 64 位双精度表示浮点数，它们可以精确到 15～16 位十进制数字。

```
pi = 3.14159
e = 2.71828
```

复数：复数由实部和虚部组成，虚部用“j”或“J”表示。

Python 的复数用于表示数学中的复数。

```
c = 3 + 4j
d = 1.5 - 2.5j
```

2. 字符串

字符串（str）是由字符组成的序列，用于表示文本数据。Python 中的字符串是不可变的，一旦被创建后不能修改。字符串可以用单引号“'”、双引号“"”或三引号“'''/"""”定义。

单行字符串：使用单引号或双引号包裹的字符序列。

```
name = "Alice"
greeting = 'Hello, World!'
```

多行字符串：使用“'''”或“"""”可以创建多行字符串，常用于文档字符串（docstrings）或多行文本。

```
multi_line_string = """
这是一个多行字符串，
可以跨越多行。
"""
```

字符串操作：字符串支持多种操作，如拼接、切片、格式化等。

```
first_name = "Alice"
last_name = "Smith"
full_name = first_name + " " + last_name        #拼接字符串
print(full_name[0:5])                           #切片输出"Alice"
```

字符串方法：Python 提供了许多内置的字符串方法，如 upper()、lower()、strip()、split()等。

```
text = "    Hello, World!    "
print(text.strip())                             #去除首尾空格
print(text.upper())                             #转换为大写
```

2.5.2　组合数据类型

组合数据类型是可以包含多个元素的数据结构，这些元素可以是相同类型或不同类型的。组合数据类型可以进一步分为序列类型、集合类型和映射类型。

1. 序列类型

序列类型是有序的元素集合，支持索引和切片操作，索引用于访问单个元素，而切片用于提取子序列。

索引是通过指定一个整数来访问序列中的单个元素。Python 的索引从 0 开始，即第一个元素的索引为 0，第二个元素的索引为 1，以此类推。此外，Python 还支持负索引。

负索引从序列的末尾开始计数，最后一个元素的索引为-1，倒数第二个元素的索引为-2，以此类推。

切片用于从序列中提取一个子序列。切片可以通过指定起始索引、结束索引和步长来实现。切片的结果是一个新的序列，包含原始序列中指定范围的元素。

Python 中常见的序列类型包括列表（list）、元组（tuple）和字符串（str）。

列表：列表是可变的序列类型，可以包含任意数量的元素，元素可以是不同类型的。

列表使用方括号“[]”定义，元素之间用逗号分隔。

```
my_list = [1, 2, 3, "Alice", True]
```

列表操作：列表是可变的，可以添加、删除或修改元素。

```
my_list.append(4)                #添加元素
my_list.remove("Alice")          #删除元素
my_list[0] = 10                  #修改元素
```

元组：元组是不可变的序列类型，一旦被创建后，其内容不能修改。元组使用圆括号“()”定义，元素之间用逗号分隔。

```
my_tuple = (1, 2, 3, "Alice", True)
```

元组操作：元组是不可变的，因此不能修改其元素，但可以进行索引和切片操作。

```
print(my_tuple[0])               #访问第一个元素
print(my_tuple[1:3])             #切片输出(2, 3)
```

字符串：字符串也是一种序列类型，但它只包含字符。字符串是不可变的。字符串的操作与列表和元组类似，支持索引和切片。

```
text = "Hello, World!"
print(text[0])                   #访问第一个字符
print(text[7:])                  #切片输出"World!"
```

2. 集合类型

集合类型是无序且不重复的元素集合。Python 中的集合类型主要有集合（set）和冻结集合（frozenset）。

集合：集合是可变的，允许添加和删除元素，但不允许重复元素。集合使用大括号“{}”定义，元素之间用逗号分隔。

```
my_set = {1, 2, 3, 4, 5}
```

集合操作：集合支持数学运算，如并集、交集、差集等。

```
set1 = {1, 2, 3}
set2 = {3, 4, 5}
union_set = set1.union(set2)                    #并集 {1, 2, 3, 4, 5}
intersection_set = set1.intersection(set2)      #交集 {3}
difference_set = set1.difference(set2)          #差集 {1, 2}
```

冻结集合：冻结集合是不可变的集合，一旦被创建后，其内容不能修改。冻结集合使用 frozenset()函数创建。

```
frozen_set = frozenset([1, 2, 3])
```

3. 映射类型

映射类型是键值对的集合，每个键都唯一地映射到一个值。Python 中最常见的映射类型是字典（dict）。

字典：字典是可变的，键必须是不可变类型（字符串、数字、元组），而值可以是任意类型。字典使用大括号“{}”定义，键之间用冒号“:”分隔，值之间用逗号分隔。

```
my_dict = {"name": "Alice", "age": 30, "city": "New York"}
```

字典操作：字典可以通过键访问、添加、删除或修改值。

```
print(my_dict["name"])                      #访问值
my_dict["age"] = 31                         #修改值
my_dict["country"] = "USA"                  #添加新键值对
del my_dict["city"]                         #删除键值对
```

字典方法：Python 提供了许多内置的字典方法，如 keys()、values()、items()等。

```
print(my_dict.keys())                       #输出所有键
print(my_dict.values())                     #输出所有值
print(my_dict.items())                      #输出所有键值对
```

4. 数据类型的转换

Python 提供了多种内置函数用来在不同数据类型之间进行转换。以下是常用的数据类型转换函数。

```
int(x) ：将 x 转换为整数。
float(x) ：将 x 转换为浮点数。
str(x) ：将 x 转换为字符串。
list(x) ：将 x 转换为列表。
tuple(x) ：将 x 转换为元组。
set(x) ：将 x 转换为集合。
dict(x) ：将 x 转换为字典。
```

2.6　运算符

在 Python 中，运算符用于执行各种操作，如数学计算、逻辑判断和变量赋值。赋值运算符用于将值分配给变量，而复合赋值运算符则结合了赋值和某种运算，简化了代码的编写。

2.6.1　运算符概述

Python 支持多种类型的运算符，包括但不限于以下 6 种类型。

算术运算符：用于执行基本的数学运算。

比较运算符：用于比较两个值，结果为布尔值 True 或 False。

逻辑运算符：用于组合多个布尔表达式。

位运算符：用于对二进制数进行位级别的操作。

成员运算符：用于测试序列中是否包含某个元素。

身份运算符：用于比较两个对象的身份（即它们是不是同一个对象）。

2.6.2　赋值运算符

赋值运算符用于将一个值赋给一个变量。最常用的赋值运算符是“=”，但它并不是唯一的赋值运算符。Python 提供了多种赋值运算符，用于不同的场景。

1. 基本赋值运算符

语法：variable = value

说明：将右边的值赋值给左边的变量。

```
x = 10
y = "Hello, World!"
```

2. 复合赋值运算符

复合赋值运算符结合了赋值和某种运算，可以在一行代码中完成赋值和运算。复合赋值运算符及其等价表达式和说明如表 2-2 所示。这不仅使代码更加简洁，还可以提高程序的性能。

表 2-2 复合赋值运算符及其等价表达式和说明

复合赋值运算符	等价表达式	说明
+=	x = x + y	将 y 加到 x 并赋值给 x
-=	x = x - y	从 x 中减去 y 并赋值给 x
*=	x = x * y	将 x 乘以 y 并赋值给 x
/=	x = x / y	将 x 除以 y 并赋值给 x
//=	x = x // y	对 x 和 y 进行整除并赋值给 x
%=	x = x % y	计算 x 除以 y 的余数并赋值给 x
**=	x = x ** y	计算 x 的 y 次幂并赋值给 x
&=	x = x & y	对 x 和 y 进行按位与并赋值给 x
|=	x = x | y	对 x 和 y 进行按位或并赋值给 x
^=	x = x ^ y	对 x 和 y 进行按位异或并赋值给 x
>>=	x = x >> y	对 x 进行右移 y 位并赋值给 x
<<=	x = x << y	对 x 进行左移 y 位并赋值给 x

3. 示例

```
#使用复合赋值运算符
x = 10
x += 5                    #等价于 x = x + 5
print(x)                  #输出: 15

y = 20
y -= 7                    #等价于 y = y - 7
print(y)                  #输出: 13

z = 5
z *= 3                    #等价于 z = z * 3
print(z)                  #输出: 15

a = 10
a /= 2                    #等价于 a = a / 2
print(a)                  #输出: 5

b = 10
```

```
b //= 3                   #等价于 b = b // 3
print(b)                  #输出: 3

c = 10
c %= 3                    #等价于 c = c % 3
print(c)                  #输出: 1

d = 2
d **= 3                   #等价于 d = d ** 3
print(d)                  #输出: 8

e = 5
e &= 3                    #等价于 e = e & 3
print(e)                  #输出: 1

f = 5
f |= 3                    #等价于 f = f | 3
print(f)                  #输出: 7

g = 5
g ^= 3                    #等价于 g = g ^ 3
print(g)                  #输出: 6
h = 8
h >>= 2                   #等价于 h = h >> 2
print(h)                  #输出: 2

i = 4
i <<= 2                   #等价于 i = i << 2
print(i)                  #输出: 16
```

4. 复合赋值运算符的优势

使用复合赋值运算符有以下优点。

代码简洁：复合赋值运算符可以将赋值和运算合并为一行代码，使代码更加简洁易读。

提高可读性：复合赋值运算符清晰地表达了对变量的更新操作，增强代码的可读性。

减少重复：避免重复书写变量名，减少出错的可能性。

潜在的性能提升：某些情况下，复合赋值运算符可能比等价的多行代码更高效，因为它们减少了中间变量的创建。

5. 注意事项

复合赋值运算符的作用域：复合赋值运算符只适用于已经定义的变量。如果变量尚未定义，使用复合赋值运算符会导致 NameError。

x += 5 #如果 x 未定义，Python 解释器会抛出 NameError: name 'x' is not defined

复合赋值运算符的顺序：复合赋值运算符中的运算符优先级与普通运算符相同。例如，x += y * z 等价于 x = x + (y * z)，而不是 x = (x + y) * z。

不可变类型的行为：对于不可变类型（字符串、元组），复合赋值运算符会创建新的对象，而不是修改原对象。

```
s = "hello"
s += " world"          #创建了一个新的字符串对象 "hello world"，并将它赋值给 s
print(s)               #输出: "hello world"
```

2.7 基本输入输出函数

在 Python 中，input()函数和 print()函数是两个最常用的基本输入输出函数。input()函数用于从用户获取输入，而 print()函数用于将数据输出到控制台。这两个函数是与用户交互的重要工具，广泛应用于各种程序中。

2.7.1 input()函数

input()函数用于从用户获取输入，并将其作为字符串返回。它通常用于读取用户的键盘输入，可以接受一个可选的提示字符串作为参数，显示给用户。

1. 基本用法

语法：input([prompt])

参数：prompt（可选）：提示字符串，显示给用户，提示他们输入内容。

返回值：用户输入的内容作为字符串返回。

2. 示例

```
#简单的输入示例
name = input("请输入您的名字: ")
print(f"您好, {name}!")

#获取数字输入并转换为整数
age = int(input("请输入您的年龄: "))
print(f"您今年 {age} 岁。")

#获取多个输入
name, age = input("请输入您的名字和年龄 (用空格分隔): ").split()
print(f"您好, {name}! 您今年 {age} 岁。")
```

3. 输入类型转换

input() 函数总是返回字符串，因此如果需要其他类型的输入（整数、浮点数等），必须手动进行类型转换。常用的类型转换函数如下。

```
int()：将字符串转换为整数。
float()：将字符串转换为浮点数。
list()：将字符串转换为列表，通常结合 split() 使用。
eval()：将字符串作为 Python 表达式执行（谨慎使用，可能存在安全风险）。
```

4. 处理无效输入

为了防止用户输入无效数据（非数字字符），可以使用 try-except 结构捕获异常并处理错误。

```
try:
    age = int(input("请输入您的年龄: "))
```

```
    print(f"您今年 {age} 岁。")
except ValueError:
    print("输入无效，请输入一个有效的数字。")
```

2.7.2 print()函数

print() 函数用于将数据输出到控制台。它可以输出多个值，并支持多种格式化方式，使输出更加灵活和美观。

1. 基本用法

语法：print(*objects, sep=' ', end='\n', file=sys.stdout, flush=False)

参数如下。

objects：要输出的对象，可以是多个，对象之间用逗号分隔。

sep（可选）：指定输出对象之间的分隔符，默认为空格 ' '。

end（可选）：指定输出结束时的字符，默认为换行符 '\n'。

file（可选）：指定输出的目标文件，默认为标准输出 sys.stdout。

flush（可选）：是否立即刷新输出缓冲区，默认为 False。

2. 示例

```
#简单的输出示例
print("Hello, World!")

#输出多个值
print("姓名:", "Alice", "年龄:", 30)

#自定义分隔符
print("apple", "banana", "cherry", sep=", ")

#自定义结束符
print("这是第一行", end=" -> ")
print("这是第二行")

#输出到文件
with open("output.txt", "w") as f:
    print("Hello, File!", file=f)

#立即刷新输出缓冲区
import sys
print("立即刷新输出", flush=True)
```

3. 格式化输出

print()函数支持多种格式化方式，使输出更加灵活和美观。常见的格式化方式如下。

f-string（格式化字符串字面量）：使用 f 或 F 前缀，可以在字符串中嵌入表达式。

str.format()方法：使用“{}”占位符，结合 format() 方法进行格式化。

百分号格式化：使用“%”符号进行简单的字符串格式化（不推荐，已逐渐被弃用）。

（1）f-string 格式化。

```
name = "Alice"
age = 30
print(f"您好, {name}! 您今年 {age} 岁。")

#嵌入表达式
x = 5
y = 10
print(f"x + y = {x + y}")
```

（2）str.format()方法。

```
name = "Alice"
age = 30
print("您好, {}! 您今年 {} 岁。".format(name, age))

#使用命名参数
print("您好, {name}! 您今年 {age} 岁。".format(name="Alice", age=30))

#使用索引
print("您好, {0}! 您今年 {1} 岁。".format("Alice", 30))
```

（3）百分号格式化。

```
name = "Alice"
age = 30
print("您好, %s! 您今年 %d 岁。" % (name, age))
```

4. 控制输出宽度和对齐

print() 函数可以通过格式化字符串控制输出的宽度和对齐方式。常用的格式化符号如下。

```
<width：左对齐
>width：右对齐
^width：居中对齐
.precision：控制浮点数的小数位数
#左对齐
print("{:<10}".format("apple"))      #输出: apple

#右对齐
print("{:>10}".format("apple"))      #输出:      apple

#居中对齐
print("{:^10}".format("apple"))      #输出:   apple

#控制浮点数的小数位数
pi = 3.14159
print("{:.2f}".format(pi))           #输出: 3.14
```

5. input()函数和 print()函数的组合使用

input()函数和 print()函数经常一起使用，形成完整的输入输出过程。以下是一个简单的例子，展示了如何结合这两个函数与用户进行交互。

```
#获取用户信息
name = input("请输入您的名字: ")
```

```
age = int(input("请输入您的年龄: "))
city = input("请输入您所在的城市: ")

#输出用户信息
print(f"您好, {name}!")
print(f"您今年 {age} 岁。")
print(f"您住在 {city}。")
```

本章小结

本章为 Python 编程入门者提供了必要的基础知识，旨在帮助读者理解并掌握编写 Python 程序的基本要素。首先，介绍了变量与常量的概念，强调了 Python 使用动态类型系统，允许变量在不声明类型的情况下直接赋值，并能随时引用不同类型的数据。同时，明确了变量命名规则。

然后，列出了 Python 3.10 及之后的版本中的 35 个保留关键字，这些关键字具有特殊意义，在命名时需避免使用以防止冲突。注释部分则详细讲述了单行注释和多行注释，它们对于提高代码的可读性和可维护性至关重要。

Python 独特的缩进规则也是本章的重点内容之一，它不仅影响代码的美观性，还是定义代码块的关键因素。正确的缩进有助于避免 IndentationError 错误，提高代码执行的逻辑性。数据类型方面，包括简单数据类型如整数、浮点数、复数、字符串，以及组合数据类型如列表、元组、字符串、集合、冻结集合、字典等，每种类型都有特定的用途和操作方法。此外，还介绍了如何在不同数据类型之间进行转换的方法。运算符部分主要概述了算术运算符、比较运算符、逻辑运算符等基本运算符，介绍了复合赋值运算符的使用，展示了如何通过一行代码完成赋值和运算，从而简化代码并提高其可读性。

最后，本章深入探讨了 Python 中的两个基本输入输出函数：input()函数和 print()函数。input()函数用于获取用户输入并返回字符串，print()函数用于向控制台输出信息，支持多种格式化方式美化输出效果。通过实例展示了如何结合这两个函数实现与用户的交互，以及如何利用 f-string、str.format()和百分号格式化等多种方式灵活地控制输出格式。

课后习题

一、选择题

1. 在 Python 中，变量的命名不能以（　）开头。

A. 字母　　B. 数字　　C. 下画线　　D. 中文字符

2. 下列（　）不是 Python 中的保留关键字。

A. if　　B. then　　C. else　　D. for

3. Python 中用于表示空值的关键字是（　）。

A. None　　B. Null　　C. Empty　　D. Zero

4. 使用 input()函数接收用户输入时，默认返回的数据类型是（　）。

A. int　B. float　C. str　D. list

5. 下列（　）数据类型是不可变的。

A. 列表　B. 元组　C. 集合　D. 字典

6. 在 Python 中，（　）将字符串转换为整数。

A. str()　B. int()　C. float()　D. list()

7. Python 中定义一个匿名函数使用（　）关键字。

A. def　B. lambda　C. function　D. proc

8. 在 Python 中，以下（　）运算符用于执行按位与操作。

A. |　B. &　C. ^　D. ~

9. 下列（　）不是 print()函数的参数。

A. sep　B. end　C. file　D. start

10. 如果要检查一个元素是否存在于列表中，应该使用（　）成员运算符。

A. =　B. ==　C. in　D. not in

二、填空题

1. 在 Python 中，可以使用______符号来创建单行注释。

2. Python 中，复合赋值运算符如+=相当于 x = x + y，这种写法可以使代码更加______和提高可读性。

3. 为了防止用户输入无效数据，可以使用______结构来捕获异常并处理错误。

4. Python 中，如果需要对浮点数进行格式化输出，并限制小数点后两位数字，可以使用"{:.2f}".format(______)。

5. 在 Python 中，元组是一种______类型的序列，一旦创建后就不能修改。

6. 定义一个集合使用______或 frozenset()函数。

7. Python 中的缩进不但是代码风格的一部分，而且是语言______的一部分。

8. 使用 eval()函数可以将字符串作为 Python 表达式执行，但需要注意可能存在______风险。

9. print("Hello, World!", end="")会使得输出不换行，而是在同一行继续输出下一个内容，这里 end=""的作用是改变默认的换行符为______。

10. 若要获取用户输入并将其转换为整数，可以使用 int(input("提示信息"))，其中 input()函数的返回值默认是______类型。

三、编程题

1. 编写一个程序，要求用户输入两个数字，并打印这两个数字的和。

2. 创建一个包含 5 个元素的列表，然后添加一个新的元素到该列表中，并显示更新后的列表。

3. 编写一个程序，接受用户输入的名字，并根据名字打印一条问候消息，例如，“您好, Alice!”。

4. 写一个程序，定义一个字典，存储某人的姓名、年龄和城市，然后打印这些信息。

5. 创建一个函数，接受两个参数：一个字符串和一个整数。函数应打印给定次数的字符串（即重复打印字符串）。例如，给定字符串"hello"和整数 3，应打印"hello hello hello"。

第 3 章

基本数据类型

Python 提供了丰富且多样的基本数据类型，这些基本数据类型不仅是 Python 程序的基石，也是理解和掌握更复杂的数据结构与算法的前提。本章将简单介绍 Python 中的基本数据类型、类型转换函数和 Python 运算符，其中基本数据类型包括数值类型、布尔类型。本章思维导图如图 3-1 所示。

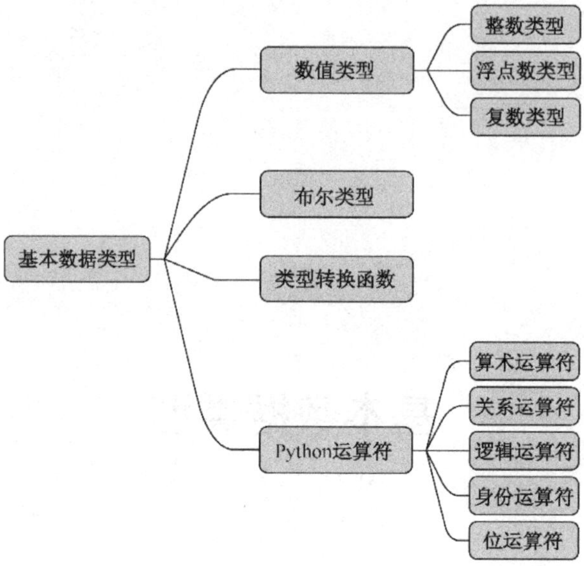

图 3-1　本章思维导图

3.1　数值类型

Python 中提供了 3 种数字类型：整数、浮点数、复数，分别对应数学中的整数、实数、复数。

3.1.1　整数类型

整数类型的 4 种进制表示：二进制、八进制、十进制、十六进制。默认情况下，Python 中的整数采用十进制，其他进制类型需要增加引导符号。整数类型的 4 种进制表示如表 3-1 所示。

表 3-1　整数类型的 4 种进制表示

进制类型	引导符号	描　述
二进制	0b 或 0B	由 0 和 1 组成，如 0b1010, 0B1010
八进制	0o 或 0O	由 0～7 组成，如 0o1010, 0O1010
十进制	无	默认情况，如 1010, −1010
十六进制	0x 或 0X	由 0～9、a～f、A～F 组成，如 0x1010, 0X1010

Python 支持任意大的数字，数字的最大值仅受内存大小的限制，这说明 Python 可以处理非常大的整数。可以使用幂乘运算符或者 pow()函数计算 xy，以测试整数类型的取值范围。

例如：

```
>>> 9999**99
    990148353526723487602263124753282625570559528895791057324326529121794837894053513464
4221768269164339325869243866777662440320016237568214004329750512088202049800987355527038
4136230466997051069124380021820284037432937880069492030979195418511779843432959121215910
6298699938669908067573374724331208942425544893910910073205049031656789220889560732962926
226305865706593594917896276756396848514900989999
>>> pow(9999,99)
    990148353526723487602263124753282625570559528895791057324326529121794837894053513464
4221768269164339325869243866777662440320016237568214004329750512088202049800987355527038
4136230466997051069124380021820284037432937880069492030979195418511779843432959121215910
6298699938669908067573374724331208942425544893910910073205049031656789220889560732962926
226305865706593594917896276756396848514900989999
```

3.1.2 浮点数类型

浮点数类型与数学中的实数概念一致，表示带有小数的数值，浮点数有两种表示方式：十进制表示和科学记数法表示。十进制表示：0.0，1.27，−2.17，−22，3.1416 等。科学记数法使用字母 e 或 E 作为幂的符号，以 10 为基数，如<a>e<b> = a * 10b，2.3e−3 表示 0.0023，4.7E5（或 4.7E+5）表示 470000.0。

浮点数运算输出 17 个数字长度结果。因精度的问题，对于浮点数运算可能会有一定的误差，应尽量避免在实数之间直接进行相等性测试，而是应该以二者之差的绝对值是否足够小作为两个实数是否相等的依据。

例如：

```
>>> 0.4-0.1
0.30000000000000004
>>> 0.3-0.1
0.19999999999999998
>>> 0.4-0.1==0.3
False
>>> abs(0.4-0.1-0.3)<1e-6
True
```

若要实现更高精度实数的运算，可以采用标准库 fractions 和 decimal 中提供的 Decimal 类实现。

例如：

```
>>> 1/3
0.3333333333333333
>>> import fractions
>>> fractions.Decimal(1/3)
Decimal('0.333333333333333314829616256247390992939472198486328125')
```

```
>>> import decimal
>>> decimal.Decimal(1/3)
Decimal('0.333333333333333314829616256247390992939472198486328125')
```

3.1.3 复数类型

Python 支持复数类型，且形式与数学上的复数完全一致。复数虚数部分通过后缀 J 或者 j 表示，例如，12.3+4j，−5.6+7j，1.2e−2+3.4e+6j。

Python 支持复数之间的加、减、乘、除等运算。

例如：

```
>>> x=3+4j
>>> y=5+6j
>>> x+y
(8+10j)
>>> x-y
(-2-2j)
>>> x*y
(-9+38j)
>>> x/y
(0.6393442622950819+0.03278688524590165j)
```

对于复数 z，可以用 z.real 和 z.imag 分别获得实数部分和虚数部分，且实数部分和虚数部分均是浮点类型。

例如：

```
>>> z=8+10j
>>> z.real
8.0
>>> z.imag
10.0
```

3.2 布尔类型

在 Python 中，布尔类型是（bool）适用于表示真（True）和假（False）的基本类型。取值只有两个值：True 和 False。对于整数或浮点数，0 对应 False，非 0 对应 True；对于其他类型的数据，空（Null）对应 False，非空对应 True。布尔类型在条件判断、循环控制和逻辑操作中起着重要作用。

注意：True 和 False 必须以大写字母开头，使用小写字母 true 或 false 会导致 NameError。

布尔类型的值可以通过直接赋值、比较操作、逻辑操作等方式创建。

例如：

```
#直接赋值
>>> a=True
```

```
>>> b=False
#比较操作
>>> x=5
>>> y=10
>>> result=x<y
>>> result
True
#逻辑操作
>>> logical_and=True and False
>>> logical_and
False
>>> logical_or=True or False
>>> logical_or
True
```

3.3 类型转换函数

类型转换函数及其描述如表 3-2 所示。

表 3-2 类型转换函数及其描述

函 数	描 述
int(x [.base])	将 x 转换为一个整数
float(x)	将 x 转换为一个浮点数
complex(real [imag])	创建一个复数
str(x)	将 x 转换为字符串
repr(x)	将 x 转换为表达式字符串
eval(str)	用来计算在字符串中的有效 Python 表达式并返回一个对象
tuple(s)	将序列 s 转换为一个元组
list(s)	将序列 s 转换为一个列表
chr(x)	将一个 ASCII 整数（Unicode 编码）转换为 1 字符
ord(x)	将 1 字符转换为它的 ASCII 整数值（汉字为 Unicode 编码）
bin(x)	将整数 x 转换为二进制字符串，如 bin(24)的结果是'0b11000'
oct(x)	将整数 x 转化为八进制字符串，如 oct(24)的结果是'0o30'
hex(x)	将整数 x 转换为十六进制字符串，如 hex(24)的结果是'0x18'

3.3.1 int()、float()、complex()函数

例如：

```
>>> int(-3.2)                    #把实数转换为整数
-3
>>> float(3)                     #把整数转换为实数
3.0
>>> float('3.5')                 #把数字字符串转换为实数
```

```
3.5
>>> float('inf')                        #无穷大，其中 inf 不区分大小写
inf
>>> complex(3)                          #指定实部
(3+0j)
>>> complex(3, 5)                       #指定实部和虚部
(3+5j)
>>> complex('inf')                      #无穷大
(inf+0j)
```

扩展：内置函数 int()用来将其他形式的数字转换为整数，参数可以为整数、实数、分数或合法的数字字符串。当参数为数字字符串时，还允许指定第二个参数 base 用来说明数字字符串的进制，base 的取值为 0 或 2～36 之间的整数，其中 0 表示按数字字符串隐含的进制进行转换。

```
>>> int('0x22b', 16)                    #把十六进制数转换为十进制数
555
>>> int('22b', 16)                      #与上一行代码等价
555
>>> int(bin(54321), 2)                  #二进制与十进制之间的转换
54321
>>> int('0b111')                        #非十进制字符串，必须指定第二个参数
ValueError: invalid literal for int() with base 10: '0b111'
>>> int('0b111', 0)                     #第二个参数 0 表示使用字符串隐含的进制
7
>>> int('0b111', 6)                     #第二个参数应与隐含的进制一致
ValueError: invalid literal for int() with base 6: '0b111'
>>> int('0b111', 2)
7
>>> int('111', 6)                       #字符串没有隐含进制
43                                      #第二个参数可以为 2～36 之间的数字
```

3.3.2 bin()、oct()、hex()函数

例如：

```
>>> bin(555)                            #把数字转换为二进制字符串
'0b1000101011'
>>> oct(555)                            #把数字转换为八进制字符串
'0o1053'
>>> hex(555)                            #把数字转换为十六进制字符串
'0x22b'
>>> hex(0o555)                          #八进制字符串转换为十六进制字符串
'0x16d'
```

3.4 Python 运算符

Python 提供算术运算符、条件运算符、逻辑运算符、成员运算符、身份运算符、位运算符等。

3.4.1　算术运算符

Python 提供了 9 个基本算术运算符，如表 3-3 所示。这些操作符不需要引用标准或第三方库函数，是内置操作符。

表 3-3　算术运算符

操 作 符	描　述
x + y	x 与 y 之和
x − y	x 与 y 之差
x * y	x 与 y 之积
x / y	x 与 y 之商
x // y	不大于 x 与 y 之商的最大整数，9//5=1，−9//5=−2
x % y	x 与 y 之商的余数，9%5=4，−9%5=1
−x	x 的负值，即 x*(−1)
+x	x 本身
x**y	x 的 y 次幂，即 x^y

例如：

```
>>> 3 / 2                         #数学意义上的除法
1.5
>>> 15 // 4                       #如果两个操作数都是整数，结果为整数
3
>>> 15.0 // 4                     #如果操作数中有实数，结果为实数形式的整数值
3.0
>>> -15//4                        #向下取整
-4
>>> 789 % 23                      #余数
7
>>> 123.45 % 3.2                  #可以对实数进行余数运算，注意精度问题
1.8499999999999996
>>> 3 ** 2                        #3 的 2 次方，等价于 pow(3, 2)
9
>>> pow(3, 2, 8)                  #等价于(3**2) % 8
1
>>> 9 ** 0.5                      #9 的 0.5 次方，平方根
3.0
>>> (-9) ** 0.5                   #可以计算负数的平方根
(1.8369701987210297e-16+3j)
```

算术运算符优先级从高到低排序：**；*、/、%、//；+、−。

在运算过程中，整数、浮点数、复数存在一种逐渐“扩展”的关系：整数→浮点数→复数。

例如：

```
>>> 123+4.0                         #整数+浮点数=浮点数
127.0
```

例 3-1 输入秒数 1234，将其转化成“小时：分：秒”的形式。

参考代码：

```
#输入秒数
total_seconds = int(input("输入秒数："))

#计算小时、分和秒
hours = total_seconds // 3600
minutes = (total_seconds % 3600) // 60
seconds = total_seconds % 60

#输出结果
print(hours,":",minutes,":",seconds)
```

运行结果：

```
输入秒数：1234
0 : 20 : 34
```

例 3-2 如果一个人在运动中，心率的计算可以根据每分钟心跳次数进行。将输入的心跳次数转换为每分钟心率。

参考代码：

```
#输入秒数及心跳次数
second,heartbeat = eval(input("输入秒数，心跳次数，以逗号间隔："))

#计算每分钟心率
heart_rate_per_minute = heartbeat * 60//second

#输出结果
print(f"每分钟心率为：",heart_rate_per_minute ,"次/分钟")
```

运行结果：

```
输入秒数，心跳次数，以逗号间隔：15,30
每分钟心率为： 120 次/分钟
```

3.4.2 关系运算符

关系运算符又称比较运算符，用于比较运算符两侧的值，比较结果为一个布尔值，即 True 或 False。关系运算符如表 3-4 所示。

表 3-4 关系运算符

关系运算符	描 述	实 例
==	等于	(5==3) 返回 False
!=	不等于	(5!=3) 返回 True
>	大于	(5>8) 返回 False

续表

关系运算符	描　述	实　例
<	小于	(5<8)　返回 True
>=	大于或等于	(5>=8)　返回 False
<=	小于或等于	(5<=8)　返回 True

例如：

```
>>> "abcd">"aba"
True
>>> "Ab">"Aa"
True
>>> 32>5
True
>>> "32">"5"
False
>>> "abc"=="abcd"
False
>>> "abc"!="ABC"
True
```

3.4.3 逻辑运算符

逻辑运算符包括 and（与）、or（或）、not（非）3 种，其返回值不一定为布尔值，如表 3-5 所示。

表 3-5　逻辑运算符

逻辑运算符	逻辑表达式	描　述	实　例

and	x and y	布尔“与”。如果 x 为 False，x and y 返回 False，否则它返回 y 的计算值	>>> a = 0
			>>> b = 1
			>>> a and b
			0
			>>> a = 'a'
			>>> a and b
			1

or	x or y	布尔“或”。如果 x 是非 0，它返回 x 的值，否则它返回 y 的计算值	>>> a = 0
			>>> b = 1
			>>> a and b
			0
			>>> a or b
			1

not	not x	布尔“非”。如果 x 为 True，返回 False 。如果 x 为 False，它返回 True	>>> a = 0
			>>> not a
			True

注意：运算符 and 和 or 并不一定会返回 True 或 False，而是得到最后一个被计算的表达式的值，但是运算符 not 一定会返回 True 或 False。

例如：

```
>>> 3>5 and a>3                          #注意，此时并没有定义变量 a
False
>>> 3>5 or a>3                           #3>5 的值为 False，所以需要计算后面的表达式
NameError: name 'a' is not defined
>>> 3<5 or a>3                           #3<5 的值为 True，不需要计算后面的表达式
True
>>> 3 and 5                              #最后一个计算的表达式的值作为整个表达式的值
5
>>> 3 and 5>2
True
>>> 3 not in [1, 2, 3]                   #逻辑非运算 not
False
>>> 3 is not 5                           #not 的计算结果只能是 True 或 False
True
>>> not 3
False
>>> not 0
True
```

逻辑运算符优先级从高到低排序为 not、and、or。

例 3-3 一个患者有咳嗽和发热的症状。根据症状，可以判断是否需要进一步检查。

参考代码：

```
cough = True                             #患者有咳嗽的症状
fever = True                             #患者有发热的症状
#判断是否需要进一步检查
need_check = cough and fever
print(need_check)                        #输出结果的症状
```

运行结果：

```
True
```

练习：如果患者只有咳嗽而没有发热的症状，是否需要进一步检查？

例 3-4 患者有高血压和吸烟史，医生需要评估患者是否有患冠心病的风险。

参考代码：

```
high_blood_pressure = True               #患者有高血压
smoking_history = True                   #患者有吸烟史
#判断是否有患冠心病的风险
heart_disease_risk = high_blood_pressure or smoking_history
print(heart_disease_risk)                #输出结果
```

运行结果：

```
True
```

练习：如果患者没有高血压但有吸烟史，患冠心病的风险是否仍然存在？

例 3-5 判断患者是否可以进行手术，取决于其是否被感染且年龄是否在适合的范围内（18～65 岁）。

参考代码：

```
has_infection =False                      #患者没有被感染
age = 30                                  #患者年龄
#判断是否可以进行手术
can_surgery = not has_infection and (age >= 18 and age <= 65)
print(can_surgery)                        #输出结果
```

运行结果：

```
True
```

练习：如果患者被感染但年龄在适合的范围内，是否可以进行手术？

3.4.4　身份运算符

关系运算符中的“==”是比较两个对象的值是否相等，而身份运算符是判断两个对象的引用是否指向同一个内存对象。身份运算符如表 3-6 所示。

表 3-6　身份运算符

运　算　符	实　　例	说　　明
is	x is y	如果 x 和 y 引用的是同一对象则返回 True，否则返回 False
is not	x is not y	如果 x 和 y 引用的不是同一对象则返回 True，否则返回 False

例如：

```
>>> x=11
>>> y=11.0
>>> x is y
False
>>> x==y
True
>>> x is not y
True
```

3.4.5　位运算符

在 Python 中，位运算符是指进行二进制位的运算。通常用于底层编程、性能优化、加密算法等场景。位运算符如表 3-7 所示。

表 3-7　位运算符

运　算　符	实　　例
按位与&	a 的值为 0011 1100，b 的值为 0000 1101，(a & b) 输出结果 12，二进制结果 0000 1100
按位或|	a 的值为 0011 1100，b 的值为 0000 1101，(a | b) 输出结果 61，二进制结果 0011 1101
按位异或^	a 的值为 0011 1100，b 的值为 0000 1101，(a ^ b) 输出结果 49，二进制结果 0011 0001
按位取反~	a 的值为 0011 1100，(~a) 输出结果–61，二进制结果 1100 0011
左移<<	a 的值为 0011 1100，a << 2 输出结果 240，二进制结果 1111 0000
右移>>	a 的值为 0011 1100，a >> 2 输出结果 15，二进制结果 0000 1111

例如：

```
>>> 3 << 2                    #把 3 左移 2 位
12
>>> 3 & 7                     #位与运算
3
>>> 3 | 8                     #位或运算
11
>>> 3 ^ 5                     #位异或运算
6
```

3.4.6 运算符的优先级

Python 中运算符的优先级如表 3-8 所示。

表 3-8 运算符的优先级

优先级	运算符类别	运算符及说明	结合性
1	括号	() 内置函数、元组、优先级提升等	从左到右
2	指数运算	**	右结合
3	一元运算符	+x, –x, ~x	右结合
4	算术运算	*, /, //, %	从左到右
5	加法与减法	+, –	从左到右
6	位运算移位	<<, >>	从左到右
7	位运算与	&	从左到右
8	位运算异或	^	从左到右
9	位运算或	|	从左到右
10	比较运算符	==, !=, >, <, >=, <=, is, is not	从左到右
11	逻辑非	not x	右结合
12	逻辑与	and	从左到右
13	逻辑或	or	从左到右

例 3-6 假设有一位患者的基本体检数据，包括体重（kg）、身高（m）、年龄、收缩压（Systolic）和舒张压（Diastolic）。将通过以下步骤进行计算。

1. 计算身体质量指数，身体质量指数（BMI）等于体重（kg）除以身高（m）的平方。

2. 计算血压指数（假设血压指数 = 收缩压 * 0.6 + 舒张压 * 0.4）。

3. 计算一个综合健康评分（综合健康评分 = BMI 分数 + 血压分数 + 年龄分数。假设：BMI 分数 =BMI、血压分数 = 血压指数、年龄分数 = 100 −年龄）。

参考代码：

```
#患者的基本数据
weight = 68                   #体重（kg）
height = 1.75                 #身高（m）
age = 30                      #年龄（岁）
systolic = 125                #收缩压（mmHg）
```

```
diastolic = 85                              #舒张压（mmHg）

#1. 计算身体质量指数（BMI）
#BMI = 体重 / (身高 ** 2)
bmi = weight / (height ** 2)

#2. 计算血压指数
#假设血压指数 = 收缩压 * 0.6 + 舒张压 * 0.4
blood_pressure_index = systolic * 0.6 + diastolic * 0.4

#3. 计算综合健康评分
health_score = bmi + blood_pressure_index + (100 - age)

#4. 使用位运算符记录健康状态
#定义状态标志：
#第 1 位（0b0001）：超重（BMI >= 25）
#第 2 位（0b0010）：高血压（血压指数 >= 100）
#第 3 位（0b0100）：年龄偏大（年龄>=50）
OVERWEIGHT = 0b0001
HIGH_BP = 0b0010
AGE_RISK = 0b0100

#计算状态标志
status = (bmi >= 25) << 0 | (blood_pressure_index >= 100) << 1 | (age >= 50) << 2

#5. 展示计算结果
print("=== 患者体检数据 ===")
print("体重:", weight,"kg")
print("身高:", height,"m")
print("年龄:", age, "岁")
print("收缩压: ",systolic,"mmHg")
print("舒张压:",diastolic,"mmHg")
print("\n=== 计算结果 ===")
print("BMI:", bmi)
print("血压指数: ",blood_pressure_index)
print(f"综合健康评分: ",health_score)
print(f"健康状态标志（二进制）: ",bin(status))
```

运行结果：

```
=== 患者体检数据 ===
体重: 68 kg
身高: 1.75 m
年龄: 30 岁
收缩压: 125 mmHg
舒张压: 85 mmHg

=== 计算结果 ===
BMI: 22.20408163265306
血压指数: 109.0
```

```
综合健康评分: 201.20408163265307
健康状态标志（二进制）: 0b10
```

本章小结

本章主要介绍了 Python 的基本数据类型、类型转换函数和运算符。其中，基本数据类型包括数值类型（int、float 和 complex），用于存储不同类型的数值数据和布尔类型（仅有 True 和 False 两个值，用于逻辑判断和控制流程）。类型转换函数主要有 int()、float()、complex()函数和 bin()、oct()、hex()函数。运算符包括算术运算符、关系运算符、逻辑运算符、身份运算符和位运算符等，操作数类型需兼容。此外，理解运算符的优先级至关重要。掌握这些基础知识不仅有助于日常编程任务的完成，还为进一步学习 Python 的高级特性奠定了坚实的基础。

课后习题

一、选择题

1. print(20/8,20//8)的输出结果是（　　）。

A. 2　　2.5　　B. 2.5　　2　　C. 2　　2　　D. 2.5　　2.5

2. print(2**3**2)的值是（　　）。

A. 512　　B. 12　　C. 64　　D. 256

3. print(complex(11.23))的结果是（　　）。

A. 11.23+0j　　B. (11.23+0j)

C. 11.23　　D. 0

4. 以下选项描述正确的是（　　）。

A. 条件 36<=44<77 是合法的，且输出为 False

B. 条件 26<=34<17 是合法的，且输出为 False

C. 条件 26<=34<17 是不合法的

D. 条件 26<=34<17 是合法的，且输出为 True

5. 以下选项中，输出结果是 False 的是（　　）。

A. >>>3 is 3　　B. >>>3 is not 8

C. >>>3!=5　　D. >>>False !=0

6. 下列代码的输出结果是（　　）。

```
>>> a=3;b=5;c=6;d=True
>>> print(not d or a>=0 and a+c>b+3)
```

A. True　　B. False　　C. None　　D. 系统报错

7. 下面代码的输出结果是（　　）。

```
z=25 + 34j
print(z.real,z.imag)
```

A. 25 34　　B. 25.0 34　　C. 25.0 34.0　　D. 34.0 25.0

8. 以下类型转换会报错的是（　　）。

A. complex(1)　　B. int(False)　　C. str(2.3)　　D. float(4+5j)

9. 下面代码的输出结果是（　　）。

```
x = 10
y = 3
print(x % y ,x**y)
```

A. 3 1000　　B. 1 1000　　C. 3 30　　D. 1 30

10. 下列代码的输出结果是（　　）。

```
>>> a=3
>>> b=3
>>> c=3.0
>>> print(a==b,a is b,a is c)
```

A. True False True　　B. True True False

C. True True True　　D. Ture False False

二、填空题

1. Python 运算符中用来计算整商的是_________。

2. 表达式 1 < 2 == 2 的值为_________。

3. 10.3*0 的结果是_________类型；(1+2j)*0 的结果是_________类型。

4. 5+6%7*2//4 的运算结果是_________。

5. 计算下列表达式的值（可在上机时验证），设 a=7,b=−2,c=4。

（1）3 * 4 ** 5 / 2=___　　（2）a * 3 % 2=___

（3）a%3 +b*b−c//5=___　　（4）b**2−4*a*c=___

三、编程题

1. 输入圆的半径，计算输出圆的周长和面积。

2. 输入长方体的各边长，计算长方体的表面积和体积。

3. 输入两个数字，计算两数的和、差、积、商并输出。

4. 输入一个大写字母，要求用小写字母输出。

5. 有人用温度计测量出华氏法表示的温度（℉），要求把它转换为以摄氏法表示的温度（℃）。

$$c=\frac{5}{9}(f-32)$$

6. 计算将水从初始温度加热到最终温度所需的能量。程序应该提示用户输入水的重量（以千克为单位），以及水的初始温度和最终温度。计算能量的公式是

$$Q=M\times(\text{最终温度}-\text{初始温度})\times 4184$$

式中，M 是以千克为单位的水的质量，温度以摄氏度为单位，能量 Q 以焦耳为单位。

7. 假设我国国民生产总值的年增长率为 7%，计算 10 年后我国国民生产总值与现在相比增长多少百分比，计算公式为

$$p = (1 + r)^n$$

式中，r 为年增长率，n 为年数，p 为与现在相比的倍数。

8. 计算存款利息。设有 1000 元，准备存一年。有以下 3 种方法可供选择。

（1）活期，年利率 r_1 为 0.36%。

（2）一年定期，年利率 r_2 为 2.25%。

（3）存两次半年定期，年利率 r_3 为 1.98%。

请分别计算一年后按 3 种方法所得到的本息和。

9. 一项实验研究认为：汽水中常用的人造甜味剂会导致实验室老鼠的死亡。你的一个朋友在拼命减肥，但是他不能放弃汽水。你的朋友想知道能够喝多少汽水而不会导致死亡。请编写程序，帮他回答这个问题。已知实验时，杀死一只老鼠所用的人造甜味剂是 5g，老鼠的重量为 35g。假设老鼠的致死量（Lethal Dose）与人的致死量成比例。一罐汽水 350g，其中所含的人造甜味剂占 0.1%。输入你的朋友的体重（kg），输出他最多可以喝的汽水的罐数。

第 4 章

组合数据类型

在 Python 中，组合数据类型是由多个基本数据类型或其他组合数据类型组成的复杂结构。它们允许开发者以更有效、更灵活的方式组织和管理数据，使代码更加简洁并易于维护。组合数据类型是构建复杂应用和实现高级算法的基础，理解和掌握这些数据类型对于提升编程能力至关重要。本章将详细介绍 Python 中的主要组合数据类型，包括字符串（string）、列表（list）、元组（tuple）、集合（set）和字典（dictionary），并探讨它们的特性、适用场景及操作方法。本章思维导图如图 4-1 所示。

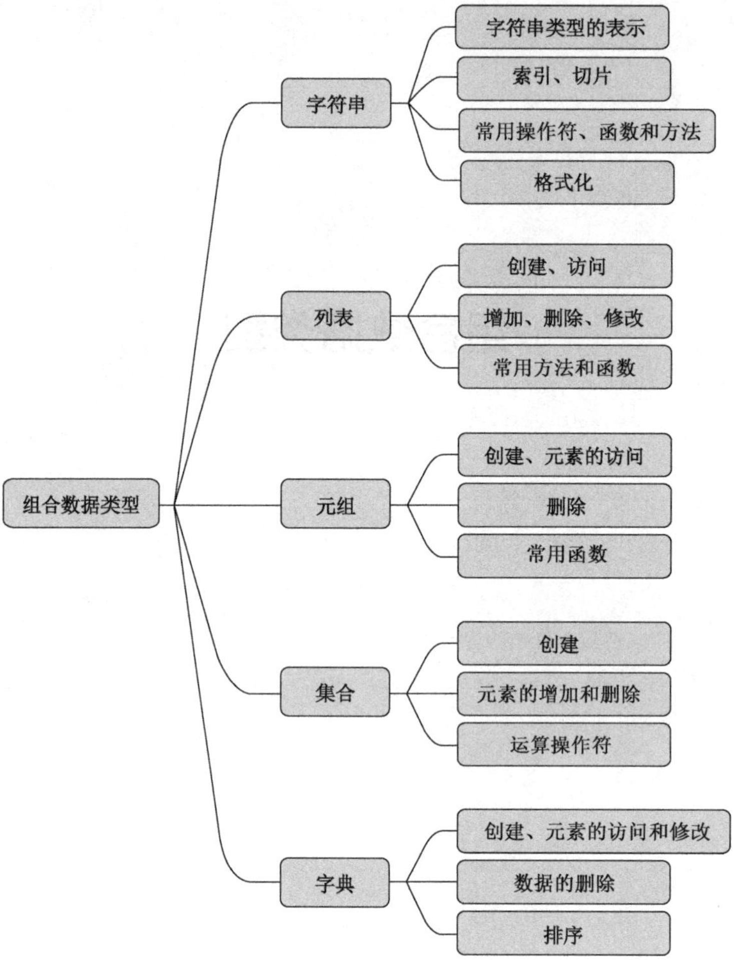

图 4-1　本章思维导图

4.1　字符串

最早的字符串编码是美国信息交换标准代码（American Standard Code for Information Intercharge，ASCII Code），仅对 10 个数字、26 个大写英文字母、26 个小写英文字母及一些其他符号进行了编码。ASCII 码采用 1 字节对字符进行编码，最多只能表示 256 个符号。

随着信息技术的发展和信息交换的需要，各国文字都需要进行编码，不同的应用领域和场景对字符串编码的要求也略有不同，于是又分别设计了多种不同的编码格式，常见的编码格式主要有 UTF-8、UTF-16、UTF-32、GB2312、GBK（汉字国标扩展码）、CP936 等。

GB2312 是我国制定的中文编码，使用 1 字节表示英语，2 字节表示中文；GBK 是 GB2312 的扩充；CP936 是美国跨国科技公司——微软在 GBK 基础上开发的编码方式。GB2312、GBK 和 CP936 都是使用 2 字节表示中文。

UTF-8 对全世界所有国家需要用到的字符进行编码，以 1 字节表示英语字符（兼容 ASCII），以 3 字节表示常见汉字，还有一些语言的符号使用 2 字节（俄语和希腊语符号）或者 4 字节。

不同的编码格式之间相差很大，采用不同的编码格式意味着不同的表示和存储形式。把同一字符存入文件时，写入的内容可能不同，在试图理解其内容时必须了解编码规则并进行正确的解码。如果解码方法不正确就无法还原信息，从这个角度来讲，字符串编码也具有加密的效果。

Python 3.x 完全支持中文字符，甚至可以使用中文作为变量名。默认使用 UTF-8 编码格式，无论是一个数字、英文字母，还是一个汉字，在统计字符串长度时都按 1 字符处理。

4.1.1　字符串类型的表示

单行字符串可以由一对单引号“'”或双引号“"”作为边界表示，单引号和双引号的作用相同。多行字符串可以由一对三单引号“'''”或三双引号“"""”作为边界表示，两者作用相同。多行字符串还可以用于表示多行的注释。

例如：

```
>>> print('我发誓要以我的能力和判断，尽我所能来帮助患者。')
我发誓要以我的能力和判断，尽我所能来帮助患者。
>>> print("我将尊重我的老师，传授我医学知识的人。")
我将尊重我的老师，传授我医学知识的人。
>>> print('''我发誓：
1. 我将不伤害任何人；
2. 我将尊重所有人的隐私；
3. 我将尽力保持我的职业道德。''')
我发誓：
1. 我将不伤害任何人；
2. 我将尊重所有人的隐私；
3. 我将尽力保持我的职业道德。
>>> print("""这是'多行字符串'的第一行
这是'多行字符串'的第二行""")
这是'多行字符串'的第一行
这是'多行字符串'的第二行
```

4.1.2 索引

字符串是由字符组成的序列，其中所有的元素都可以通过索引（下标）访问。字符串最左端位置的索引为 0，依次正向递增序号。同时字符串也支持反向递减索引，最后的一个元素的索引为−1，倒数第二个元素的索引为−2，依次反向递减序号至最左侧第一位，如图 4-2 所示。

图 4-2　索引

单个索引访问字符串中的特定位置的格式：

<string>[<索引>]

例如：

```
>>> greet[0]
'h'
>>> greet[1]
'e'
>>> greet[-1]
'd'
>>> greet[-4]
'o'
```

4.1.3 切片

对字符串中某个子串或区间的检索被称为切片。切片与索引的功能类似，都可以获得字符串中的元素，但两者之间的区别是索引只能获得字符串中的单个元素，而切片可以获得一定范围内的元素。

切片可以通过两个索引值确定一个位置范围，切片的使用格式：

<string>[<start>:<end>:<step>]

第一个数字 start 表示切片的开始位置（默认为 0）。

第二个数字 end 表示切片的截止位置（不包含该位置。默认为列表长度）。

第三个数字 step 表示切片的步长（默认为 1）。

当 start 为 0 时可以省略，当 end 为列表长度时可以省略，当 step 为 1 时可以省略，省略步长时还可以同时省略最后一个冒号。当 step 为负整数时，表示反向切片，此时 start 应该在 end 的右侧。

例如：

```
>>> oath='我志愿献身医学，热爱祖国，忠于人民，恪守医德，尊师守纪，刻苦钻研，孜孜不倦，精益求精，全面发展。'
>>> oath[::]
'我志愿献身医学，热爱祖国，忠于人民，恪守医德，尊师守纪，刻苦钻研，孜孜不倦，精益求精，全面发展。'
>>> oath[:-1:2]
'我愿身学热祖，于民恪医，师纪刻钻，孜倦精求，面展'
>>> oath[1:8:1]
'志愿献身医学，'
>>> oath[-4::-1]
'面全，精求益精，倦不孜孜，研钻苦刻，纪守师尊，德医守恪，民人于忠，国祖爱热，学医身献愿志我'
>>>oath[-5:-1:1]
'全面发展'
>>> oath[0:7]
'我志愿献身医学'
```

Python 语言转义符：\

\n 表示换行，\\表示反斜杠，\'表示单引号，\"表示双引号，\t 表示制表符（TAB）等。

例如：

```
>>> print("我志愿献身医学\n 热爱祖国\t 忠于人民")
我志愿献身医学
热爱祖国	忠于人民
```

4.1.4 字符串常用操作符

为了方便对字符串进行操作，Python 提供了一系列字符串操作符。这些操作符不仅简化了字符串的处理过程，还增强了代码的可读性和运行效率。Python 中常用的字符串操作符，包括连接操作符、重复操作符、成员运算符、索引与切片，如表 4-1 所示。

表 4-1 字符串常用操作符

操 作 符	描 述
x+y	连接两个字符串 x 与 y
x*n 或 n*x	复制 n 次子串 x
x in s x not in s	如果 x 是 s 的子串，返回 True，否则返回 False; 如果 x 不是 s 的子串，返回 True，否则返回 False
str[i]	索引，返回第 i 字符
str[N:M]	切片，返回索引第 N 到 M 的子串，其中不包含 M

例如：

```
>>> name="恪守医德"+"尊师守纪"
>>> print(name)
恪守医德尊师守纪
>>> x = 'good "morning'
```

```
>>> x
'good morning'
>>> x = 'good '
>>> x = x'morning'                    #不适用于字符串变量
SyntaxError: invalid syntax
>>> x = x + 'morning'                 #字符串变量与字符串常量的连接必须使用加号
>>> x
'good morning'
>>> y=" to you"
>>> x+y
'good morning to you'
>>> x[2:-2]
'od morni'
>>> x[2]
'o'
>>> s="精益求精"*3
>>> s
'精益求精精益求精精益求精'
>>> ls=3*"尊师守纪"
>>> ls
'尊师守纪尊师守纪尊师守纪'
>>> "守纪" in ls
True
```

4.1.5 字符串常用函数

为了更高效地处理和操作字符串，Python 提供了丰富的内置字符串函数，字符串常用函数如表 4-2 所示。

语法：函数名(x)

表 4-2 字符串常用函数

函　数	描　述
len(x)	返回一个字符串的长度
str(x)	任意类型 x 转换为字符串
chr(x)	返回 Unicode 编码 x 对应的单字符
ord(x)	返回单字符对应的 Unicode 编码
hex(x)	返回整数 x 对应十六进制数的小写形式的字符串
oct(x)	返回整数 x 对应八进制数的小写形式的字符串
max(x)	返回字符串中的最大元素
min(x)	返回字符串中的最小元素

1. len()、str()、max()、min()函数

len()函数是 Python 内置的一个常用函数，用于返回对象（字符串、列表、元组、字典等）中元素的数量或对象的长度。str()函数将对象 x 转换为字符串类型。max()和 min()

函数分别返回字符串中的最大及最小元素。

例如：

```
>>> text = "Hello, Python!"
>>> len(text)
13
>>> oath="我志愿献身医学，热爱祖国，忠于人民，恪守医德，尊师守纪"
>>> len(oath)
27
>>> str(3)
'3'
>>> str(4.6)
'4.6'
>>> str(True)
'True'
>>> str([1,2,3])
'[1, 2, 3]'
>>> str(3+1)
'4'
>>> str("3+1")
'3+1'
>>> s="abc"
>>> max(s)
'c'
>>> min(s)
'a'
>>> s1=max("热爱祖国")
>>> s1
'祖'
```

2. ord()、chr()、hex()、oct()函数

在 Python 中，ord() 和 chr()函数是两个用于在字符与其对应的 Unicode 编码之间进行转换的内置函数。hex()和 oct()函数将整数转换为八进制和十六进制字符串。

例如：

```
>>> ord('a')                          #查看指定字符的 Unicode 编码
97
>>> chr(65)                           #返回数字 65 对应的字符
'A'
>>> chr(ord('A')+1)                   #Python 不允许字符串和数字之间的加法操作
'B'
>>> chr(ord('莹')+1)                  #支持中文
'莺'
>>> ord('罗')                         #这个用法仅适用于 Python 3.x
32599
>>> "1+1=2"+chr(10004)
'1+1=2✔'
>>> ord("✔")
10004
>>> hex(255)
```

```
'0xff'
>>> oct(-255)
'-0o377'
```

4.1.6 字符串常用方法

为了方便对字符串进行操作和处理，Python 为字符串提供了丰富的内置方法。Python 中有一些字符串常用方法，如表 4-3 所示。

语法：<a>.<b>(参数)

表 4-3 字符串常用方法

方 法 名	描 述
str.lower()	字符串中字母小写
str.upper()	字符串中字母大写
str.islower()	str 所有字符都是小写，返回 True
str.isnumeric()	str 所有字符都是数字，返回 True
str.isspace()	str 所有字符都是空格，返回 True
str.split(sep=None)	按指定字符将字符串分割为数组，默认分格符为空格
str.replace(old,new,[count])	字符串替换
str.strip([char])	去两边空格或去指定字符
str.count(sub[,start[,end]])	返回 str[start:end]中 sub 子串出现的次数
str.join(iterable)	返回一个新字符串，由组合数据类型 iterable 变量的每个元素组成，元素间用 str 分隔
str.find(sub[,start[,end]])	返回 sub 字符串在 str 字符串指定范围中首次出现的位置，如果没找到则返回–1，省略 start,end 的默认查找范围为字符串长度
str.index(sub[,start[,end]])	返回 sub 字符串在 str 字符串指定范围中首次出现的位置，如果不存在则抛出异常

例如：

```
>>> print('abcABC'.lower())
abcabc
>>> print('abcABC'.upper())
ABCABC
>>> print('abcABC'.islower())
False
>>> print('123'.isnumeric())
True
>>> print('    '.isspace())
True
>>> print('python is an excellent language'.split())
['python', 'is', 'an', 'excellent', 'language']
>>> print('python 语言很强大'.split())
['python 语言很强大']
>>> print('Python language, is powerful.'.split(','))
['Python language', ' is powerful.']
```

```
>>> print('    abc     '.strip())
abc
>>> print('***abc***'.strip('*'))
abc
>>> print('abcdabcdabcd'.replace('bc','ly'))
alydalydalyd
>>> print('abcdabcdabcd'.replace('bc','ly',1))
alydabcdabcd
>>> print('python is an excellent language.'.count('n'))
4
>>> print('python is an excellent language.'.count('n',16))
2
>>> s=['python', 'is', 'an', 'excellent', 'language']
>>> "   ".join(s)
'python is an excellent language'
>>> s="I love the medical profession."
>>> s.find("love")
2
>>> s.find("love",5)
-1
>>> s.index("love")
2
>>> s.index("love",4)
Traceback (most recent call last):
  File "<pyshell#5>", line 1, in <module>
    s.index("love",4)
ValueError: substring not found
>>> s.index("love",2,10)
2
```

4.1.7 字符串格式化

1. 格式化输出——format()方法

格式：<模板字符串>.format(<逗号分隔的参数>)

模板字符串是一个由字符串和槽组成的字符串，用来控制字符串和变量的显示效果。槽用大括号“{}”表示，对应 format()方法中逗号分隔的参数，如图 4-3 所示。

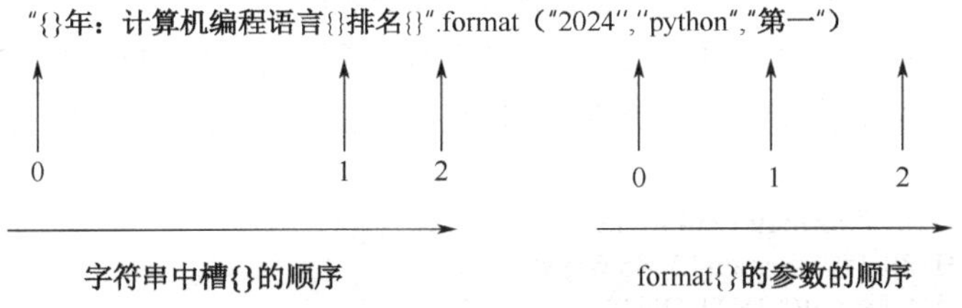

图 4-3 模板字符串

例如：

```
>>> print('{},{},{}'.format('Tom', '男', 40))
Tom,男,40
>>> print('{2},{1},{0}'.format(40,'男','Tom'))
Tom,男,40
>>> print('{name},{gender},{age}'.format(age=40,gender='男',name='Tom'))
Tom,男,40
```

槽除了包括参数序号，还可以包括格式控制信息，槽的内部样式如图 4-4 所示。

槽的内部样式：{<参数序号>: <格式控制标记>}

:	<填充>	<对齐>	<宽度>	<，>	<.精度>	<类型>
引导符号	用于填充的单个字符	< 左对齐 > 右对齐 ^ 居中对齐	槽设定的输出宽度	数字的千位分隔符	浮点数小数精度或字符串的最大输出长度	整数类型 b,c,d,o,x,X 浮点数类型 e,E,f,%

图 4-4　槽的内部样式

（1）<填充>、<对齐>和<宽度>主要用于对显示格式的规范。

① 填充字段可以修改默认填充字符，填充字符只能有一个。

② 对齐字段分别使用“<”、“>”和“^”三个符号表示左对齐、右对齐和居中对齐。

③ 宽度指当前槽设定的输出字符宽度，如果该槽的参数实际值比宽度设定值大，则使用参数的实际长度。如果该值的实际位数小于指定宽度，则按照对齐指定方式在宽度内对齐，默认以空格字符补充。

例如：

```
>>> s="Python"
>>>print("{0:30}".format(s))          #默认左对齐
Python
>>> print("{0:3}".format(s))
Python
>>> print("{0:>30}".format(s))        #右对齐
                                        Python
>>> print("{0:*^30}".format(s))       #居中且使用*填充
************Python************
>>> print("{0:-^30}".format(s))       #居中且使用-填充
------------Python------------
```

（2）<.精度>和<类型>主要用于对数值本身的规范。

① <.精度>由小数点“.”开头。对于浮点数，精度表示小数部分输出的有效位数。对于字符串，精度表示输出的最大长度。小数点可以理解为对数值的有效截断。

例如：

```
>>> print ("{0:-^20,}".format(1234567890))
>>> print ("{0:H^20.3f}".format(12345.67890))
>>> print ("{0:.4}".format("PYTHON") )
```

② <类型>表示输出整数、浮点数类型的格式规则。

整数类型输出格式如表 4-4 所示。

表 4-4 整数类型输出格式

类型格式	描　述
b	输出整数的二进制方式
c	输出整数对应的 Unicode 字符
d	输出整数的十进制方式
o	输出整数的八进制方式
x	输出整数的小写十六进制方式
X	输出整数的大写十六进制方式

例如：

```
>>> print("{0:b},{0:c},{0:d},{0:o},{0:x}".format(425))
110101001,Σ,425,651,1a9
```

浮点数类型输出格式如表 4-5 所示。

表 4-5 浮点数类型输出格式

类型格式	描　述
e	输出浮点数对应的小写字母 e 的指数形式
E	输出浮点数对应的大写字母 E 的指数形式
f	输出浮点数的标准浮点形式
%	输出浮点数的百分形式

例如：

```
>>> print("{0:.2e},{0:.2E},{0:.2f},{0:.2%}".format(3.14))
3.14e+00,3.14E+00,3.14,314.00%
```

2. 格式化输出——f-string 方法

语法：f"string {variable/expression:condition}"

冒号左边是要输出的变量名或表达式。冒号用于分隔输出内容和格式说明符，冒号右侧内容与 format()方法中的格式控制标记内容一致。

例如：

```
>>> print(f"{'Tom'}, {'男'}, {40}")
Tom, 男, 40
>>> age=40
>>> gender='男'
>>> name='Tom'
>>> print(f'{name},{gender},{age}' )
Tom,男,40
>>> num=1234567890
>>> f"{num:,}"
'1,234,567,890'
>>> f"{num:8,d}"
'1,234,567,890'
>>> f"{num1:.3f}"
'1234.568'
```

```
>>> f"{num1:e}"
'1.234568e+03'
>>> s="Python"
>>> print(f"{s:*^30}")
************Python************
```

3. 格式化输出——%*方法

语法："%[flags][0][width].[precision]typecode"%(value)

参数说明如表 4-6 所示。

表 4-6　参数说明

参数名称	描　述
flags　　+	可选，右对齐；正数前加正号，负数前加负号
−	可选，左对齐；正数前无符号，负数前加负号
0	可选，填充字符
width	可选，输出宽度
precision	可选，浮点数小数精度或字符串的最大输出长度
typecode	必选，格式字符

例如：

```
>>> print ("His name is %s"%("王旭"))
His name is 王旭
>>> print ("He is %d years old"%(25))
He is 25 years old
>>> print ("His height is %.2f m"%(1.8275))
His height is 1.83 m
>>> print ("Name:%-10s Age:%-8d Height:%-8.2f"%("Tom",25,1.83))
Name:Tom        Age:25       Height:1.83
>>> print ("Name:%-10s Age:%08d Height:%08.2f"%("Tom",25,1.83))
Name:Tom        Age:00000025 Height:00001.83
```

例 4-1　假设有一位患者的基本体检数据，包括姓名、年龄、性别、体重（kg）、身高（m）、收缩压（Systolic）和舒张压（Diastolic），将进行以下计算和展示。

（1）计算身体质量指数，其计算公式是身体质量指数（BMI）等于体重（kg）除以身高（m）的平方。

（2）计算血压总值（总血压=收缩压+舒张压）。

（3）生成一段包含患者基本信息和计算结果的描述性字符串。

代码展示：

```
#患者基本数据
name = "张伟"                          #姓名（字符串类型）
age = 30                               #年龄（整数类型）
gender = "男"                          #性别（字符串类型）
weight = 75.0                          #体重（kg，浮点数类型）
height = 1.80                          #身高（m，浮点数类型）
systolic = 130                         #收缩压（mmHg，整数类型）
```

```
diastolic = 85                          #舒张压（mmHg，整数类型）
#（1）计算身体质量指数（BMI）
                                        #BMI = 体重 / (身高 ** 2)
bmi = weight / (height ** 2)
#（2）计算血压总值
                                        #总血压 = 收缩压 + 舒张压
total_bp = systolic + diastolic
#（3）生成描述性字符串
                                        #使用 f-string 进行格式化输出
patient_info_fstring = (
    f"患者姓名: {name}\n"
    f"年龄: {age}岁\n"
    f"性别: {gender}\n"
    f"体重: {weight} kg\n"
    f"身高: {height} m\n"
    f"BMI: {bmi:.2f}\n"                 #保留两位小数
    f"收缩压: {systolic} mmHg\n"
    f"舒张压: {diastolic} mmHg\n"
    f"总血压: {total_bp} mmHg\n"
)

                                        #使用 str.format() 进行格式化输出
patient_info_format = (
    "患者姓名: {}\n"
    "年龄: {}岁\n"
    "性别: {}\n"
    "体重: {} kg\n"
    "身高: {} m\n"
    "BMI: {:.2f}\n"                     #保留两位小数
    "收缩压: {} mmHg\n"
    "舒张压: {} mmHg\n"
    "总血压: {} mmHg\n"
).format(name, age, gender, weight, height, bmi, systolic, diastolic, total_bp)

                                        #使用 %* 进行格式化输出
patient_info_string = (
    "患者姓名: %s\n"
    "年龄: %d 岁\n"
    "性别: %s\n"
    "体重: %.1fkg\n"
    "身高: %.1fm\n"
    "BMI: %.2f\n"                       #保留两位小数
    "收缩压: %d mmHg\n"
    "舒张压: %d mmHg\n"
    "总血压: %d mmHg\n"
    )%(name, age, gender, weight, height, bmi, systolic, diastolic, total_bp)
```

```
                                    #4. 输出展示
print("=== 使用 f-string 格式化的患者信息 ===")
print(patient_info_fstring)

print("=== 使用 str.format() 格式化的患者信息 ===")
print(patient_info_format)

print("=== 使用 %* 格式化的患者信息 ===")
print(patient_info_string)
```

运行结果：

```
=== 使用 f-string 格式化的患者信息 ===
患者姓名: 张伟
年龄: 30 岁
性别: 男
体重: 75.0 kg
身高: 1.8 m
BMI: 23.15
收缩压: 130 mmHg
舒张压: 85 mmHg
总血压: 215 mmHg

=== 使用 str.format() 格式化的患者信息 ===
患者姓名: 张伟
年龄: 30 岁
性别: 男
体重: 75.0 kg
身高: 1.8 m
BMI: 23.15
收缩压: 130 mmHg
舒张压: 85 mmHg
总血压: 215 mmHg

=== 使用 %* 格式化的患者信息 ===
患者姓名: 张伟
年龄: 30 岁
性别: 男
体重: 75.0kg
身高: 1.8m
BMI: 23.15
收缩压: 130 mmHg
舒张压: 85 mmHg
总血压: 215 mmHg
```

4.2 列表

列表（list）是最重要的 Python 内置对象之一，是包含若干元素的有序连续内存空间。当列表增加或删除元素时，列表对象将自动进行内存的扩展或收缩，从而保证相邻元素之间没有空隙。Python 列表的内存自动管理功能可以大幅度减轻程序员的负担，但插入和删除非尾部元素时将导致列表中大量元素移动，严重影响工作效率。

在非尾部位置插入和删除元素时会改变该位置后面的元素在列表中的索引，这可能导致某些操作出现意外的错误结果。除非确实有必要，否则应尽量从列表尾部进行元素追加与删除操作。

4.2.1 列表的创建

1. 使用“=”直接将一个列表赋值给变量即可创建列表对象

例如：

```
>>> a_list = ['a', 'b', 123, 'z', 12.5]
>>> a_list = []                              #创建空列表
```

2. 使用 list()函数把元组、字符串、集合、字典或其他可迭代对象转换为列表类型

例如：

```
>>> list((1,3,7,8,9))
[1, 3, 7, 8, 9]
>>> list("love medicine")
['l', 'o', 'v', 'e', ' ', 'm', 'e', 'd', 'i', 'c', 'i', 'n', 'e']
>>> list({1,3,5})
[1, 3, 5]
>>> list({'a':11,'b':27,'c':2010})
['a', 'b', 'c']
>>> list(range(1,10,2))
[1, 3, 5, 7, 9]
>>> list()
[]
```

3. 使用 split()方法生成列表

语法：str.split([sep [, maxsplit]])

str 表示要分割的字符串，sep 表示分隔符，如果没有指定则默认为以空格为分隔符，maxsplit 表示最大分割次数，如果指定，则将字符串分割成最多 maxsplit+1 个字符串，否则将全部分割。

例如：

```
>>> "I volunteer to devote myself to medicine".split()
['I', 'volunteer', 'to', 'devote', 'myself', 'to', 'medicine']
>>> "I volunteer to devote myself to medicine".split("to")
['I volunteer ', ' devote myself ', ' medicine']
>>> "I volunteer to devote myself to medicine".split("to",1)
['I volunteer ', ' devote myself to medicine']
>>> "I volunteer to devote myself to medicine".split("o")
['I v', 'lunteer t', ' dev', 'te myself t', ' medicine']
```

扩展：将分割后的列表，使用 join()方法可以还原成原字符串。

语法：str.join(sequence)

例如：

```
>>> s=['I', 'volunteer', 'to', 'devote', 'myself', 'to', 'medicine']
>>> " ".join(s)
'I volunteer to devote myself to medicine'
>>> s1=['I volunteer ', ' devote myself ', ' medicine']
>>> "to".join(s1)
'I volunteer to devote myself to medicine'
```

4.2.2 列表元素的访问

1. 使用索引访问列表元素

列表索引与字符串索引一致，支持正向索引和反向索引。

例如：

```
>>> s=list("medicine")
>>> s
['m', 'e', 'd', 'i', 'c', 'i', 'n', 'e']
>>> s[0]
'm'
>>> s[-1]
'e'
>>> s1="I volunteer to devote myself to medicine".split()
>>> s1
['I', 'volunteer', 'to', 'devote', 'myself', 'to', 'medicine']
>>> s1[2]
'to'
>>> s1[-2]
'to'
>>> s1[8]
Traceback (most recent call last):
  File "<pyshell#24>", line 1, in <module>
    s1[8]
IndexError: list index out of range
```

2. 使用切片获取列表部分元素

使用切片可以获取列表中由部分元素组成的新列表。与使用索引作为下标访问列表元素的方法不同，切片操作不会因为下标越界而抛出异常，而是简单地在列表尾部截断或返回一个空列表。

例如：

```
>>> ls="I will love my motherland, be loyal to the people, abide by medical ethics".split()
>>> ls
['I', 'will', 'love', 'my', 'motherland,', 'be', 'loyal', 'to', 'the', 'people,', 'abide', 'by', 'medical', 'ethics']
>>> ls[::]
['I', 'will', 'love', 'my', 'motherland,', 'be', 'loyal', 'to', 'the', 'people,', 'abide', 'by', 'medical', 'ethics']
>>> ls[::-1]
['ethics', 'medical', 'by', 'abide', 'people,', 'the', 'to', 'loyal', 'be', 'motherland,', 'my', 'love', 'will', 'I']
```

```
>>> ls[2:5]
['love', 'my', 'motherland,']
>>> ls[1::2]
['will', 'my', 'be', 'to', 'people,', 'by', 'ethics']
>>> ls[0:100]
['I', 'will', 'love', 'my', 'motherland,', 'be', 'loyal', 'to', 'the', 'people,', 'abide', 'by', 'medical', 'ethics']
>>> ls[20:]
[]
>>> ls[7:-10:-1]
['to', 'loyal', 'be']
>>> ls[5:-7]
['be', 'loyal']
```

4.2.3　列表元素的增加

1. append()方法

append()方法用于向列表尾部追加一个元素，属于原地操作，不会影响列表在内存中的起始地址。

例如：

```
>>> blood=["白细胞","中性粒细胞","单核细胞","嗜酸性细胞","淋巴细胞","红细胞"]
>>> id(blood)
2012011618048
>>> blood.append("血小板")
>>> blood
['白细胞', '中性粒细胞', '单核细胞', '嗜酸性细胞', '淋巴细胞', '红细胞', '血小板']
>>> id(blood)
2012011618048
```

2. insert()方法

Insert()方法用于向列表任意指定位置插入一个元素，属于原地操作。

例如：

```
>>> blood=["白细胞","中性粒细胞","单核细胞","嗜酸性细胞","淋巴细胞","红细胞"]
>>> blood.insert(0,"血小板")
>>> blood
['血小板', '白细胞', '中性粒细胞', '单核细胞', '嗜酸性细胞', '淋巴细胞', '红细胞']
```

3. extend()方法

extend()方法用于将另一个列表中的所有元素追加至当前列表的尾部，属于原地操作。

例如：

```
>>> blood=["白细胞","中性粒细胞","单核细胞","嗜酸性细胞"]
>>> ls=["淋巴细胞","红细胞","血小板"]
>>> blood.extend(ls)
>>> blood
['白细胞', '中性粒细胞', '单核细胞', '嗜酸性细胞', '淋巴细胞', '红细胞', '血小板']
```

4.2.4 列表元素的删除

1. pop()方法

pop()方法用于删除并返回指定位置的元素，无索引，默认删除最后一个元素，并且返回被删除元素的值，属于原地操作。

例如：

```
>>> blood=["白细胞","中性粒细胞","单核细胞","嗜酸性细胞","淋巴细胞","红细胞"]
>>> blood.pop()
'红细胞'
>>> blood.pop(1)
'中性粒细胞'
>>> blood
['白细胞', '单核细胞', '嗜酸性细胞', '淋巴细胞']
```

2. remove()方法

remove()方法用于删除列表中指定的元素的第一个匹配项，属于原地操作。

例如：

```
>>> blood=["白细胞","中性粒细胞","单核细胞","单核细胞","淋巴细胞","红细胞"]
>>> blood.remove("单核细胞")
>>> blood
['白细胞', '中性粒细胞', '单核细胞', '淋巴细胞', '红细胞']
```

3. clear()方法

clear()方法用于清空列表中的所有元素，属于原地操作。

例如：

```
>>> blood=["白细胞","中性粒细胞","单核细胞","嗜酸性细胞","淋巴细胞","红细胞"]
>>> blood.clear()
>>> blood
[]
```

4. del 命令

del 命令不仅可以根据索引删除列表中的元素，还可以使用切片的方式删除列表中的元素。

例如：

```
>>> blood=["白细胞","中性粒细胞","单核细胞","嗜酸性细胞","淋巴细胞","红细胞"]
>>> del blood[1]
>>> blood
['白细胞', '单核细胞', '嗜酸性细胞', '淋巴细胞', '红细胞']
>>> del blood[1:3]
>>> blood
['白细胞', '淋巴细胞', '红细胞']
```

4.2.5 列表元素的修改

1. 使用索引修改列表

通过索引修改列表中的一个元素。

语法：列表名[索引]=新值

例如：

```
>>> blood=["白细胞","中性粒细胞","单核细胞","嗜酸性细胞","淋巴细胞"]
>>> blood[0]="红细胞"
>>> blood
['红细胞', '中性粒细胞', '单核细胞', '嗜酸性细胞', '淋巴细胞']
```

2. 使用切片修改列表

通过切片的形式给列表赋值，可以一次性为多个元素赋值。同时切片修改的方式也可以用来插入、删除元素。

例如：

```
>>> blood=["白细胞","中性粒细胞","单核细胞","嗜酸性细胞","淋巴细胞"]
>>> blood[2:]=["吞噬细胞","神经细胞","T 淋巴细胞"]
>>> blood
['白细胞', '中性粒细胞', '吞噬细胞', '神经细胞', 'T 淋巴细胞']
>>> blood[1:1]=["干细胞","心肌细胞","肾脏细胞"]
>>> blood
['白细胞', '干细胞', '心肌细胞', '肾脏细胞', '中性粒细胞', '吞噬细胞', '神经细胞', 'T 淋巴细胞']
>>> blood[1:5]=[]
>>> blood
['白细胞', '吞噬细胞', '神经细胞', 'T 淋巴细胞']
```

4.2.6　列表常用方法

列表常用方法如表 4-7 所示。

表 4-7　列表常用方法

方　法	描　述	示　例

list.reverse()	反向列表中的元素，该方法没有返回值	>>> blood=["白细胞","中性粒细胞","单核细胞"]
		>>> blood.reverse()
		>>> blood
		['单核细胞', '中性粒细胞', '白细胞']

list.sort([key=None][,reverse=False])	对列表进行排序，该方法没有返回值，默认升序排序。key 参数指定排序方式，reverse 为 True，为反向排序	>>> s=[1,3,13,2,10,5]
		>>> s.sort()
		>>> s
		[1, 2, 3, 5, 10, 13]

list.count()	用于返回列表中指定元素出现的次数	>>> x = [1, 2, 2, 3, 3, 3, 4, 4, 4, 4]
		>>> x.count(3)
		3

list.index()	用于返回指定元素在列表中首次出现的位置，如果该元素不在列表中则抛出异常	>>> x = [1, 2, 2, 3, 3, 3, 4, 4, 4, 4]
		>>> x.index(2)
		1
		>>> x.index(5)
		ValueError: 5 is not in list

续表

方 法	描 述	示 例

list.copy()	复制列表	>>> blood=["白细胞","中性粒细胞","单核细胞"]
		>>> s=blood.copy()
		>>> s
		['白细胞', '中性粒细胞', '单核细胞']

例如：

```
>>> ls=["abc","ac","d","ef"]
>>> ls.sort()
>>> ls
['abc', 'ac', 'd', 'ef']
>>> ls.sort(reverse=True)
>>> ls
['ef', 'd', 'ac', 'abc']
>>> ls.sort(key=len)
>>> ls
['d', 'ef', 'ac', 'abc']
>>> ls.sort(key=len,reverse=True)
>>> ls
['abc', 'ef', 'ac', 'd']
```

4.2.7 列表常用函数

列表常用函数如表 4-8 所示。

表 4-8 列表常用函数

函 数	描 述	示 例

len()	返回列表中的元素个数，len()同样适用于元组、字典、集合、字符串	>>> blood=["白细胞","中性粒细胞","单核细胞"]
		>>> len(blood)
		3

max()、min()	返回列表中所有元素的最大值和最小值	>>> s=[1,3,13,2,10,5]
		>>> max(s)
		13
		>>> min(s)
		1

sum()	返回列表中所有元素之和	>>>s= [1,3,13,2,10,5] >>> sum(s) 34

map()	把函数映射到列表上的每个元素	>>> s= [1,3,13,2,10,5]
		>>>map(str,s)
		<map object at 0x000001E3B6C86F40>
		>>> list(map(str,s))
		['1', '3', '13', '2', '10', '5']

续表

函　数	描　述	示　例

enumerate()	返回包含若干下标和值的迭代对象	>>> blood=["白细胞","中性粒细胞","单核细胞"]
		>>> enumerate(blood)
		<enumerate object at 0x000001E3B6C98700>
		>>> list(enumerate(blood))
		[(0, '单核细胞'), (1, '中性粒细胞'), (2, '白细胞')]

filter()	根据指定函数的返回值对列表元素进行过滤	>>> s= [1,3,13,2,10,5]
		>>> list(filter(lambda n: n % 2 == 0, s))
		[2, 10]

zip()	将多个可迭代对象（列表、元组等）“打包”在一起，生成一个新的可迭代对象。每个新生成的元素是一个元组，包含来自所有输入可迭代对象的对应元素	>>> names = ["Alice", "Bob", "Charlie"]
		>>> ages = [25, 30, 35]
		>>> list(zip(names, ages))
		[('Alice', 25), ('Bob', 30), ('Charlie', 35)]

all()	用来测试列表中是否所有元素都等价于 True	>>> s= [1,3,13,2,10,5,0]
		>>> all(s)
		False

any()	用来测试列表中是否有等价于 True 的元素	>>> s= [1,3,13,2,10,5,0]
		>>> any(s)
		True

例如：

```
>>> sum(range(1,11))
55
>>> sum(range(1, 11), 5)
60
>>> s=[1,3,13,2,10,5]
>>> max(s,key=str)
5
>>> list(zip(s, [1]*6))
[(1, 1), (3, 1), (13, 1), (2, 1), (10, 1), (5, 1)]
>>> list(zip(s, [1]*8))                              #如果两个列表不等长，则以短的为准
[(1, 1), (3, 1), (13, 1), (2, 1), (10, 1), (5, 1)]
```

例 4-2　在一家医疗机构中，医务人员需要管理和分析患者的体检数据。这些数据包括患者的编号、姓名、年龄、性别、体重、身高、血压、血糖。为简化管理，所有相关数据被存储在多个列表中，每个列表对应一个数据字段。

例如：

```
patient_ids = [101, 102, 103, 104, 105]
patient_names = ["张三", "李四", "王五", "赵六", "孙七"]
patient_ages = [25, 30, 45, 50, 35]
patient_genders = ["男", "女", "男", "女", "男"]
patient_weights = [70.5, 65.2, 80.3, 55.4, 68.0]                          #单位：kg
patient_heights = [175.0, 160.5, 180.2, 158.0, 170.3]                     #单位：cm
patient_blood_pressures = ["120/80", "130/85", "140/90", "110/70", "125/82"] #单位：mmHg
patient_blood_sugars = [5.5, 6.1, 7.2, 5.0, 6.0]                          #单位：mmol/L
```

1. 添加新患者的数据

医院接收了一位新患者，患者数据如下。

编号：106。

姓名：周八。

年龄：40 岁。

性别：女。

体重：60.0 kg。

身高：165.0 cm。

血压：118/76mmHg。

血糖：5.8 mmol/L。

要求如下：

（1）将上述新患者的数据分别添加到对应的列表中。

（2）打印更新后的 patient_ids 和 patient_names 列表。

参考代码：

```
#初始化患者数据列表
patient_ids = [101, 102, 103, 104, 105]
patient_names = ["张三", "李四", "王五", "赵六", "孙七"]
patient_ages = [25, 30, 45, 50, 35]
patient_genders = ["男", "女", "男", "女", "男"]
patient_weights = [70.5, 65.2, 80.3, 55.4, 68.0]                          #单位：kg
patient_heights = [175.0, 160.5, 180.2, 158.0, 170.3]                     #单位：cm
patient_blood_pressures = ["120/80", "130/85", "140/90", "110/70", "125/82"]  #单位：mmHg
patient_blood_sugars = [5.5, 6.1, 7.2, 5.0, 6.0]                          #单位：mmol/L

#添加新患者的数据
patient_ids.append(106)
patient_names.append("周八")
patient_ages.append(40)
patient_genders.append("女")
patient_weights.append(60.0)
patient_heights.append(165.0)
patient_blood_pressures.append("118/76")
patient_blood_sugars.append(5.8)

#打印更新后的 patient_ids 和 patient_names
print("更新后的 patient_ids 列表:", patient_ids)
print("更新后的 patient_names 列表:", patient_names)
```

运行结果：

```
更新后的 patient_ids 列表: [101, 102, 103, 104, 105, 106]
更新后的 patient_names 列表: ['张三', '李四', '王五', '赵六', '孙七', '周八']
```

2. 更新患者体重

近期，编号为 103 的患者体重有所变化，新的体重为 75.0 kg。

要求如下：

（1）在 patient_ids 列表中找到编号为 103 的索引。

（2）使用该索引更新 patient_weights 列表中对应的体重值为 75.0。

（3）打印更新后的 patient_weights 列表。

参考代码：

```
#查找编号为 103 的患者的索引
index_103 = patient_ids.index(103)

#更新患者 103 的体重为 75.0 kg
patient_weights[index_103] = 75.0

#打印更新后的 patient_weights 列表
print("更新后的 patient_weights 列表:", patient_weights)
```

运行结果：

```
更新后的 patient_weights 列表: [70.5, 65.2, 75.0, 55.4, 68.0, 60.0]
```

3. 计算所有患者的平均血糖水平

要求如下：

（1）计算 patient_blood_sugars 列表中所有患者血糖值的平均值。

（2）打印计算结果，保留小数点后一位。

参考代码：

```
#计算所有患者的总血糖值
total_blood_sugar = sum(patient_blood_sugars)

#计算患者的数量
number_of_patients = len(patient_blood_sugars)

#计算所有患者的平均血糖水平
average_blood_sugar = total_blood_sugar / number_of_patients

#保留小数点后一位并打印
average_blood_sugar = round(average_blood_sugar, 1)
print("所有患者的平均血糖水平:", average_blood_sugar, "mmol/L")
```

运行结果：

```
所有患者的平均血糖水平: 5.9 mmol/L
```

4. 查找有高血压的患者（选择结构、循环结构学习完，可以更好理解）

高血压通常指收缩压（血压值中的第一个数）大于或等于 130 mmHg 或舒张压（血压值中的第二个数）大于或等于 85 mmHg。

要求如下：

（1）将 patient_blood_pressures 列表中的血压字符串拆分为收缩压和舒张压两个数值。

（2）创建一个新的列表 hypertensive_patients，存储有高血压的患者编号。

（3）打印 hypertensive_patients 列表。

参考代码：

```
#拆分血压数据为两个列表：收缩压和舒张压
systolic_pressures = [int(bp.split('/')[0]) for bp in patient_blood_pressures]
diastolic_pressures = [int(bp.split('/')[1]) for bp in patient_blood_pressures]

#计算有高血压的条件：收缩压 >= 130mmHg 或 舒张压 >= 85mmHg
hypertensive_patients = [patient_ids[i] for i in range(len(patient_ids)) if systolic_pressures[i] >= 130 or diastolic_pressures[i] >= 85]

#打印高血压患者的编号列表
print("有高血压的患者编号:", hypertensive_patients)
```

运行结果：

```
有高血压的患者编号: [102, 103]
```

5. 调整所有患者的身高单位（循环结构学习完，可以更好理解）

当前所有患者的身高都是以厘米为单位存储的，需要将厘米转换为米，并更新 patient_heights 列表。

要求如下：

（1）将 patient_heights 列表中的每个身高值除以 100，将身高单位转换为米。

（2）更新 patient_heights 列表，替换原有的厘米数值。

（3）打印更新后的 patient_heights 列表。

参考代码：

```
#将所有患者的身高单位从厘米转换为米，并更新 patient_heights 列表
patient_heights = [height / 100 for height in patient_heights]
#打印更新后的 patient_heights 列表
print("更新后的 patient_heights 列表（单位：m）:", patient_heights)
```

运行结果：

```
更新后的 patient_heights 列表（单位：m）: [1.75, 1.605, 1.8019999999999998, 1.58, 1.703, 1.65]
```

6. 统计男性和女性患者的数量

要求如下：

（1）统计 patient_genders 列表中“男”和“女”的数量，分别存储在 male_count 和 female_count 变量中。

（2）打印 male_count 和 female_count 的值。

参考代码：

```
#统计男性和女性患者的数量
male_count = patient_genders.count("男")
female_count = patient_genders.count("女")
#打印统计结果
print("男性患者的数量:", male_count)
print("女性患者的数量:", female_count)
```

运行结果：

```
男性患者的数量: 3
女性患者的数量: 3
```

7. 列出所有患者的 BMI 值 （循环结构学习完，可以更好理解）

身体质量指数的计算公式为身体质量指数（BMI）等于体重（kg）除以身高（m）的平方。

要求如下：

（1）计算每位患者的 BMI 值，并存储在一个新的列表 patient_bmis 中。

（2）保留 BMI 值的小数点后两位。

（3）打印 patient_bmis 列表。

参考代码：

```
#计算所有患者的 BMI 值
patient_bmis = [round(weight / (height ** 2), 2) for weight, height in zip(patient_weights, patient_heights)]

#打印 Patient_bmis 列表
print("所有患者的 BMI 值:", patient_bmis)
```

运行结果：

```
所有患者的 BMI 值: [23.02, 25.31, 23.1, 22.19, 23.45, 22.04]
```

8. 识别血糖异常的患者（选择结构、循环结构学习完，可以更好理解）

根据医疗标准，空腹血糖水平如下。

正常范围：3.9～6.1 mmol/L。

略高：6.1～7.0 mmol/L。

高血糖：>7.0 mmol/L。

要求如下：

（1）创建三个新的列表分别存储如下数据。

正常血糖的患者编号 normal_glucose_patients。

略高血糖的患者编号 elevated_glucose_patients。

高血糖的患者编号 high_glucose_patients。

（2）打印这三个列表。

参考代码：

```
#创建正常血糖的患者列表
normal_glucose_patients = [patient_ids[i] for i in range(len(patient_blood_sugars)) if 3.9 <= patient_blood_sugars[i] <= 6.1]

#创建略高血糖的患者列表
elevated_glucose_patients = [patient_ids[i] for i in range(len(patient_blood_sugars)) if 6.1 < patient_blood_sugars[i] <= 7.0]

#创建高血糖的患者列表
high_glucose_patients = [patient_ids[i] for i in range(len(patient_blood_sugars)) if patient_blood_sugars[i] > 7.0]

#打印各类血糖异常的患者编号列表
print("正常血糖的患者编号:", normal_glucose_patients)
```

```
print("略高血糖的患者编号:", elevated_glucose_patients)
print("高血糖的患者编号:", high_glucose_patients)
```

运行结果：

```
正常血糖的患者编号: [101, 102, 104, 105, 106]
略高血糖的患者编号: []
高血糖的患者编号: [103]
```

9. 删除特定患者的数据

由于数据录入错误，因此需要删除患者编号为 104 的所有相关数据。

要求如下：

（1）在 patient_ids 列表中找到编号为 104 的索引。

（2）从所有相关列表中删除索引 104 对应的元素，使所有列表的数据保持对齐。

（3）打印更新后的所有列表。

参考代码：

```
#查找编号为 104 的患者的索引
index_104 = patient_ids.index(104)

#删除编号为 104 的所有相关数据
patient_ids.pop(index_104)
patient_names.pop(index_104)
patient_ages.pop(index_104)
patient_genders.pop(index_104)
patient_weights.pop(index_104)
patient_heights.pop(index_104)
patient_blood_pressures.pop(index_104)
patient_blood_sugars.pop(index_104)

#打印更新后的所有列表
print("更新后的 patient_ids 列表:", patient_ids)
print("更新后的 patient_names 列表:", patient_names)
print("更新后的 patient_ages 列表:", patient_ages)
print("更新后的 patient_genders 列表:", patient_genders)
print("更新后的 patient_weights 列表:", patient_weights)
print("更新后的 patient_heights 列表:", patient_heights)
print("更新后的 patient_blood_pressures 列表:", patient_blood_pressures)
print("更新后的 patient_blood_sugars 列表:", patient_blood_sugars)
```

运行结果：

```
更新后的 patient_ids 列表: [101, 102, 103, 105, 106]
更新后的 patient_names 列表: ['张三', '李四', '王五', '孙七', '周八']
更新后的 patient_ages 列表: [25, 30, 45, 35, 40]
更新后的 patient_genders 列表: ['男', '女', '男', '男', '女']
更新后的 patient_weights 列表: [70.5, 65.2, 75.0, 68.0, 60.0]
更新后的 patient_heights 列表: [1.75, 1.605, 1.8019999999999998, 1.703, 1.65]
更新后的 patient_blood_pressures 列表: ['120/80', '130/85', '140/90', '125/82', '118/76']
更新后的 patient_blood_sugars 列表: [5.5, 6.1, 7.2, 6.0, 5.8]
```

10. 合并患者的数据为综合列表（循环结构学习完，可以更好理解）

将所有相关数据合并为一个综合列表 patients，每个患者的数据以子列表的形式存储。

要求如下：

（1）创建一个空列表 patients。

（2）使用列表的 append()方法，将每位患者的所有数据（编号、姓名、年龄、性别、体重、身高、血压、血糖）合并为一个子列表，并添加到 patients 列表中。

（3）打印 patients 列表。

参考代码：

```
#创建一个空列表 patients
patients = []

#使用循环将每一位患者的信息增加到 patients 列表中
for i in range(len(patient_ids)):
        patient_data = [
                patient_ids[i],
                patient_names[i],
                patient_ages[i],
                patient_genders[i],
                patient_weights[i],
                patient_heights[i],
                patient_blood_pressures[i],
                patient_blood_sugars[i]
        ]
        patients.append(patient_data)

#打印 Patients 列表
print("综合患者数据列表:")
for patient in patients:
    print(patient)
```

运行结果：

```
综合患者数据列表:
[101, '张三', 25, '男', 70.5, 1.75, '120/80', 5.5]
[102, '李四', 30, '女', 65.2, 1.605, '130/85', 6.1]
[103, '王五', 45, '男', 75.0, 1.8019999999999998, '140/90', 7.2]
[105, '孙七', 35, '男', 68.0, 1.703, '125/82', 6.0]
[106, '周八', 40, '女', 60.0, 1.65, '118/76', 5.8]
```

4.3 元组

列表的功能虽然强大，但负担很重，会影响运行效率。有时候并不需要这么多功能，只需要一个轻量级的列表，元组（tuple）正是这样的一种类型。

元组与列表类似，也可以包含各种类型的数据，如整数、字符串、浮点数，甚至其他元组或列表。然而，元组一旦被创建，其内容不可更改。在形式上，元组的所有元素都放在一对圆括号中，元素之间用逗号分隔，如果元组中只有一个元素则必须在最后增加一个逗号。

4.3.1 元组的创建

（1）使用“=”直接将一个元组赋值给变量即可创建元组对象。

例如：

```
>>> a=(1,2,3)
>>> b=4,5,6
>>> c=1,
>>> d=(1,)
>>> t=()                        #创建空元组
```

（2）使用 tuple()函数把列表、字符串、集合、字典或其他可迭代对象转换为列表类型。

例如：

```
>>> ls=[1,"a",[1,2]]
>>> tuple(ls)
(1, 'a', [1, 2])
>>> tuple("python")
('p', 'y', 't', 'h', 'o', 'n')
>>> tuple({1,3,5})
(1, 3, 5)
>>> tuple({'a':11,'b':27,'c':2010})
('a', 'b', 'c')
>>> tuple(range(1,10,2))
(1, 3, 5, 7, 9)
>>> tuple()
()
```

4.3.2 元组元素的访问

1. 使用索引访问元组元素

元组索引与字符串索引一致，支持正向索引和反向索引。

例如：

```
>>> s=tuple("medicine")
>>> s
('m', 'e', 'd', 'i', 'c', 'i', 'n', 'e')
>>> s[0]
'm'
>>> s[-1]
'e'
>>> s[10]
Traceback (most recent call last):
```

```
  File "<pyshell#23>", line 1, in <module>
    s[10]
IndexError: tuple index out of range
#一个元组可以作为另外一个元组的元素
>>> medicine=("pathology department","plastic surgery")
>>> hospital=("doctor","patient",medicine)
>>> hospital[-1][1]
'plastic surgery'
>>> hospital[-1][1][2]
'a'
```

2. 使用切片获取元组的部分元素

使用切片可以获取元组中由部分元素组成的新元组。与使用索引作为下标访问元组元素的方法不同，切片操作不会因下标越界而抛出异常，而是简单地在元组尾部截断或返回一个空元组。

例如：

```
>>> ls=tuple("I will love my motherland, be loyal to the people, abide by medical ethics".split())
>>> ls
('I', 'will', 'love', 'my', 'motherland,', 'be', 'loyal', 'to', 'the', 'people,', 'abide', 'by', 'medical', 'ethics')
>>> ls[::-1]
('ethics', 'medical', 'by', 'abide', 'people,', 'the', 'to', 'loyal', 'be', 'motherland,', 'my', 'love', 'will', 'I')
>>> ls[0:100]
('I', 'will', 'love', 'my', 'motherland,', 'be', 'loyal', 'to', 'the', 'people,', 'abide', 'by', 'medical', 'ethics')
>>> ls[20:]
()
```

4.3.3　元组的删除

元组和列表不一样，元组中的元素值是不允许被单独修改或删除的，但是可以使用 del 语句删除整个元组。

语法：del 元组名

例如：

```
>>> t1=(1,2,"hello")
>>> del t1
>>> t1
Traceback (most recent call last):
  File "<pyshell#2>", line 1, in <module>
    t1
NameError: name 't1' is not defined
```

4.3.4　元组常用函数

元组常用函数如表 4-9 所示。

表 4-9　元组常用函数

函　数	描　述	示　例

len()	返回元组中的元素个数，len()同样适用于列表、字典、集合、字符串	>>> blood=（"白细胞","中性粒细胞","单核细胞"）
		>>> len(blood)
		3

max()、min()	返回元组中所有元素的最大值和最小值	>>> s=(1,3,13,2,10,5)
		>>> max(s)
		13
		>>> min(s)
		1

sum()	返回元组中所有元素之和	>>>s= (1,3,13,2,10,5) >>> sum(s) 34

map()	把函数映射到元组上的每个元素	>>> s= (1,3,13,2,10,5)
		>>>map(str,s)
		<map object at 0x000001E3B6C86F40>
		>>> tuple(map(str,s))
		('1', '3', '13', '2', '10', '5')

enumerate()	返回包含若干下标和值的迭代对象	>>> blood=("白细胞","中性粒细胞","单核细胞")
		>>> enumerate(blood)
		<enumerate object at 0x000001E3B6C98700>
		>>> tuple(enumerate(blood))
		((0, '单核细胞'), (1, '中性粒细胞'), (2, '白细胞'))

filter()	根据指定函数的返回值对元组元素进行过滤	>>> s= (1,3,13,2,10,5)
		>>> tuple(filter(lambda n: n % 2 == 0, s))
		(2, 10)

zip()	将多个可迭代对象（如列表、元组等）“打包”在一起，生成一个新的可迭代对象。每个新生成的元素是一个元组，包含来自所有输入可迭代对象的对应元素	>>> names = ("Alice", "Bob", "Charlie")
		>>> ages = (25, 30, 35)
		>>> tuple(zip(names, ages))
		(('Alice', 25), ('Bob', 30), ('Charlie', 35))

例 4-3　使用元组存储患者的基本信息，并通过索引和切片访问特定数据。

参考代码：

```
#定义患者的基本信息元组
patient = ("1001", "张伟", 45, "男", "13800001234")

#访问患者姓名（索引）
name = patient[1]
print("患者姓名:", name)                    #输出：患者姓名：张伟
```

```
#访问患者联系方式（负数索引）
contact = patient[-1]
print("联系方式:", contact)                    #输出：联系方式: 13800001234

#使用切片获取部分信息（ID 和姓名）
id_name = patient[0:2]
print("患者 ID 和姓名:", id_name)              #输出：患者 ID 和姓名: ('1001', '张伟')
```

运行结果：

```
患者姓名: 张伟
联系方式: 13800001234
患者 ID 和姓名: ('1001', '张伟')
```

4.4 集合

集合（set）属于 Python 中的无序可变序列，使用一对大括号作为定界符，各元素之间用逗号分隔，同一个集合内的各个元素都是唯一的，元素之间不允许重复。

集合中只能包含数字、字符串、元组等不可变类型（或者说可哈希）的数据，不能包含列表、字典、集合等可变类型的数据。

4.4.1 集合的创建

（1）使用“=”直接将一个集合赋值给变量即可创建集合对象。

例如：

```
>>> a={1,2,3}
```

（2）使用 set()函数把字符串、元组或其他可迭代对象转换为集合类型。

例如：

```
>>> a_set=set(range(1,9))
>>> a_set
{1, 2, 3, 4, 5, 6, 7, 8}
>>> set("medical")
{'m', 'e', 'd', 'i', 'c', 'a', 'l'}
>>> set((1,2,3,2,"a"))
{1, 2, 3, 'a'}
>>> b_set=set()
>>> b_set
set()
```

4.4.2 集合元素的增加

1. add()方法

add()方法可以增加集合中的新元素，如果该元素已存在则忽略该操作，并不会抛出异常。

例如：

```
>>> blood={"嗜酸性细胞","中性粒细胞","红细胞","白细胞","单核细胞", "淋巴细胞"}
>>> blood.add("血小板")
>>> blood
{'嗜酸性细胞', '中性粒细胞', '红细胞', '血小板', '白细胞', '单核细胞', '淋巴细胞'}
>>> blood.add("红细胞")
>>> blood
{'嗜酸性细胞', '中性粒细胞', '红细胞', '血小板', '白细胞', '单核细胞', '淋巴细胞'}
```

2. update()方法

update()方法用于合并另外一个集合中的元素到当前集合中，并自动去除重复元素。

例如：

```
>>> blood.update ({"血小板","血红蛋白"})
>>> blood
{'嗜酸性细胞', '中性粒细胞', '红细胞', '血小板', '血红蛋白', '白细胞', '单核细胞', '淋巴细胞'}
```

4.4.3 集合元素的删除

1. pop()方法

pop()方法用于随机删除并返回集合中的一个元素，如果集合为空则抛出异常。

例如：

```
>>> blood={"嗜酸性细胞","中性粒细胞","红细胞","白细胞","单核细胞", "淋巴细胞"}
>>> blood.pop()
'嗜酸性细胞'
>>> blood
{'中性粒细胞', '红细胞', '白细胞', '单核细胞', '淋巴细胞'}
```

2. remove()方法

remove()方法用于删除集合中的元素，如果指定元素不存在则抛出异常。

例如：

```
>>> blood={"嗜酸性细胞","中性粒细胞","红细胞","白细胞","单核细胞", "淋巴细胞"}
>>> blood.remove("单核细胞")
>>> blood
{'嗜酸性细胞', '中性粒细胞', '红细胞', '白细胞', '淋巴细胞'}
>>> blood.remove("血小板")
Traceback (most recent call last):
  File "<pyshell#27>", line 1, in <module>
    blood.remove("血小板")
KeyError: '血小板'
```

3. discard()方法

discard()方法用于从集合中删除一个特定元素，如果元素不在集合中则忽略该操作。

例如：

```
>>> blood={"嗜酸性细胞","中性粒细胞","红细胞","白细胞","单核细胞", "淋巴细胞"}
>>> blood.discard("白细胞")
>>> blood
```

```
{'嗜酸性细胞', '中性粒细胞', '红细胞', '单核细胞', '淋巴细胞'}
>>> blood.discard("血小板")
>>> blood
{'嗜酸性细胞', '中性粒细胞', '红细胞', '单核细胞', '淋巴细胞'}
```

4. clear()方法

clear()方法用于清空集合中的所有元素。

例如：

```
>>> blood={"白细胞","中性粒细胞","单核细胞","嗜酸性细胞","淋巴细胞","红细胞"}
>>> blood.clear()
>>> blood
set()
```

5. del 命令

del 命令用于删除整个集合。

例如：

```
>>> blood={"白细胞","中性粒细胞","单核细胞","嗜酸性细胞","淋巴细胞","红细胞"}
>>> del blood
```

4.4.4 集合运算操作符

集合运算操作符及其描述如表 4-10 所示。

表 4-10　集合运算操作符及其描述

操　作　符	描　　述
S -T 或 S.difference(T)	返回一个新集合，包括在集合 S 中但不在集合 T 中的元素
S & T 或 S.intersection(T)	返回一个新集合，包括同时在集合 S 和 T 中的元素
S^T 或 s.symmetric_difference(T)	返回一个新集合，包括集合 S 和 T 中的元素，但不包括同时在其中的元素
S|T 或 S.union(T)	返回一个新集合，包括集合 S 和 T 中的所有元素

例如：

```
>>> a_set = set([8, 9, 10, 11, 12, 13])
>>> b_set = {0, 1, 2, 3, 7, 8}
>>> a_set | b_set                              #并集
{0, 1, 2, 3, 7, 8, 9, 10, 11, 12, 13}
>>> a_set.union(b_set)                         #并集
{0, 1, 2, 3, 7, 8, 9, 10, 11, 12, 13}
>>> a_set & b_set                              #交集
{8}
>>> a_set.intersection(b_set)                  #交集
{8}
>>> a_set.difference(b_set)                    #差集
{9, 10, 11, 12, 13}
>>> a_set - b_set
{9, 10, 11, 12, 13}
```

```
>>> a_set.symmetric_difference(b_set)                    #对称差集
{0, 1, 2, 3, 7, 9, 10, 11, 12, 13}
>>> a_set ^ b_set                                        #对称差集
{0, 1, 2, 3, 7, 9, 10, 11, 12, 13}
```

例 4-4 使用集合存储每位患者的过敏药物，便于快速检查和管理。

参考代码：

```
#定义每位患者的过敏药物集合
patient1_allergies = {"青霉素", "磺胺类"}
patient2_allergies = {"阿司匹林", "布洛芬"}
patient3_allergies = {"青霉素", "洛伐他汀"}

#合并每位患者的过敏药物，得到所有患者总共有的过敏药物
common_allergies = patient1_allergies.intersection(patient2_allergies, patient3_allergies)

print("所有患者总共有的过敏药物:", common_allergies)
```

运行结果：

```
所有患者总共有的过敏药物: set()
```

4.5 字典

字典是一种无序、可变，且包含若干“键:值”元素的数据类型。键值对（key-value）是将一个“值”信息关联一个“键”信息，进而通过键信息查找对应的值信息，这个过程叫映射。每个键在字典中都是唯一的，但不同的键可以对应相同的值。

字典中元素的“键”可以是 Python 中任意不可变数据类型，如整数、实数、复数、字符串、元组等，不能使用列表、集合、字典或其他可变数据类型作为字典的“键”。另外，字典中的“键”不允许重复，而“值”是可以重复的。

4.5.1 字典的创建

（1）使用赋值运算符“=”将一个字典赋值给一个变量即可创建一个字典变量。

例如：

```
>>> patient_info = {"患者 ID": "P001","姓名": "李华","年龄": 45,"性别": "女"}
>>> patient_info
{'患者 ID': 'P001', '姓名': '李华', '年龄': 45, '性别': '女'}
```

（2）使用内置函数 dict()创建字典。

例如：

```
#创建空字典
>>> x = dict()
>>> type(x)
<class 'dict'>
>>> x = {}
#使用关键字参数创建字典
```

```
>>> patient_info1 = dict(患者 ID="P002", 姓名="张伟", 年龄=30, 性别="男")
>>> patient_info1
{'患者 ID': 'P002', '姓名': '张伟', '年龄': 30, '性别': '男'}
#使用键值对的元组列表创建字典
>>> patient_info2 = dict([("患者 ID", "P003"), ("姓名", "王芳"), ("年龄", 50), ("性别", "女")])
>>> patient_info2
{'患者 ID': 'P003', '姓名': '王芳', '年龄': 50, '性别': '女'}
#根据已有数据创建字典
>>> keys=['患者 ID', '姓名', '年龄', '性别']
>>> values=[ 'P001', '李华', 45, '女']
>>> patient_info3=dict(zip(keys,values))
>>> patient_info3
{'患者 ID': 'P001', '姓名': '李华', '年龄': 45, '性别': '女'}
#以给定内容为"键"，创建"值"为空的字典
>>> patient_info4 = dict.fromkeys(['患者 ID', '姓名', '年龄'])
>>> patient_info4
{'患者 ID': None, '姓名': None, '年龄': None}
```

4.5.2　字典元素的访问

1. 下标法

根据提供的“键”作为下标可以访问对应的“值”，如果字典中不存在这个“键”就会抛出异常。

例如：

```
>>> patient_info = {"患者 ID": "P001","姓名": "李华","年龄": 45,"性别": "女"}
>>> patient_info["姓名"]
'李华'
```

2. get()方法

get()方法用于返回指定“键”对应的“值”，并且允许指定该键不存在时返回特定的“值”。

例如：

```
>>> patient_info = {"患者 ID": "P001","姓名": "李华","年龄": 45,"性别": "女"}
>>> patient_info.get("年龄")
45
>>> patient_info.get("地址","not exists")
'not exists'
```

3. 其他方法

使用字典对象的 items()方法可以返回字典的键值对。

使用字典对象的 keys()方法可以返回字典的键。

使用字典对象的 values()方法可以返回字典的值。

例如：

```
>>> patient_info = {"患者 ID": "P001","姓名": "李华","年龄": 45,"性别": "女"}
>>> patient_info.keys()
```

```
dict_keys(['患者 ID', '姓名', '年龄', '性别'])
>>> patient_info.values()
dict_values(['P001', '李华', 45, '女'])
>>> patient_info.items()
dict_items([('患者 ID', 'P001'), ('姓名', '李华'), ('年龄', 45), ('性别', '女')])
```

4.5.3 字典元素的修改

1. 通过键修改

通过 key 找到具体元素之后，给定一个新的元素值即可，若键在字典中不存在，该字典就会新增这个键值对。

例如：

```
>>> patient_info = {"患者 ID": "P001","姓名": "李华","年龄": 45,"性别": "女"}
>>> patient_info["姓名"]="王华"
>>> patient_info
{'患者 ID': 'P001', '姓名': '王华', '年龄': 45, '性别': '女'}
>>> patient_info["地址"]="成都"
>>> patient_info
{'患者 ID': 'P001', '姓名': '王华', '年龄': 45, '性别': '女', '地址': '成都'}
```

2. update()方法

语法：dict.update(k1=v1[, k2=v2,…])

键存在时，修改值。键不存在时，向字典中添加键值对。该方法也可以把另一个字典中的键值对一次性全部加到当前字典中。

例如：

```
>>> patient_info = {"患者 ID": "P001","姓名": "李华","年龄": 45,"性别": "女","地址": "成都"}
>>> patient_info.update(年龄=54)
>>> patient_info
{'患者 ID': 'P001', '姓名': '王华', '年龄': 54, '性别': '女', '地址': '成都'}
>>> patient_info.update(症状="咳嗽")
>>> patient_info
{'患者 ID': 'P001', '姓名': '王华', '年龄': 54, '性别': '女', '地址': '成都', '症状': '咳嗽'}
#将一个字典中的键值对一次性更新到另一个字典
>>> patient_info={'患者 ID': 'P001', '姓名': '王华', '年龄': 54, '性别': '女', '地址': '成都', '症状': '咳嗽'}
>>> medicine={"药品":["阿莫西林","川贝枇杷露"],"用量":"一日三次"}
>>> patient_info.update(medicine)
>>> patient_info
{'患者 ID': 'P001', '姓名': '王华', '年龄': 54, '性别': '女', '地址': '成都', '症状': '咳嗽', '药品': ['阿莫西林',
'川贝枇杷露'], '用量': '一日三次'}
```

4.5.4 字典数据的删除

1. pop()方法

语法：dict.pop(key[, default])

返回字典中键 key 对应的值，并将键为 key 的键值对元素删除。若 dict 中不存在键 key 时则返回预设的 default 值，若未提供 default 值，则会触发“KeyValue”异常。

例如：

```
>>>patient_info={'患者 ID': 'P001', '姓名': '王华', '年龄': 54, '性别': '女', '地址': '成都', '症状': '咳嗽', '药品': ['阿莫西林', '川贝枇杷露'], '用量': '一日三次'}
>>> patient_info.pop("地址")
'成都'
>>> patient_info
{'患者 ID': 'P001', '姓名': '王华', '年龄': 54, '性别': '女', '症状': '咳嗽', '药品': ['阿莫西林', '川贝枇杷露'], '用量': '一日三次'}
>>> patient_info.pop("时间","不存在")
'不存在'
>>> patient_info.pop("时间")
Traceback (most recent call last):
  File "<pyshell#37>", line 1, in <module>
    patient_info.pop("时间")
KeyError: '时间'
```

2. popitem()方法

从字典中移除并返回一个元组形式的“键:值”对。每次都应删除位于字典末尾的键值对。

例如：

```
>>> patient_info={'患者 ID': 'P001', '姓名': '王华', '年龄': 54, '性别': '女', '症状': '咳嗽', '药品': ['阿莫西林', '川贝枇杷露'], '用量': '一日三次'}
>>> patient_info.popitem()
('用量', '一日三次')
>>> patient_info
{'患者 ID': 'P001', '姓名': '王华', '年龄': 54, '性别': '女', '症状': '咳嗽', '药品': ['阿莫西林', '川贝枇杷露']}
```

3. clear()方法

清空字典 dict 中的所有数据，保留空字典对象。

例如：

```
>>> patient_info.clear()
>>> patient_info
{}
```

4. del 命令

语法：del dict[key]

将字典 dict 中键为 key 的键值对元素删除。

例如：

```
>>> del patient_info["药品"]
>>> patient_info
{'患者 ID': 'P001', '姓名': '王华', '年龄': 54, '性别': '女', '症状': '咳嗽'}
```

语法：del dict

将字典对象 dict 删除。

例如：

```
>>> del patient_info
>>> patient_info
Traceback (most recent call last):
  File "<pyshell#48>", line 1, in <module>
    patient_info
NameError: name 'patient_info' is not defined
```

4.5.5 字典排序

语法：sorted(dict, key=None, reverse=False)

字典无序，可对字典键、值或键值对排序，返回值为列表。

例如：

```
>>> patient_info={'患者 ID': 'P001', '姓名': '王华', '性别': '女', '症状': '咳嗽'}
>>> sorted(patient_info)
['姓名', '性别', '患者 ID', '症状']
>>> sorted(patient_info.keys())
['姓名', '性别', '患者 ID', '症状']
>>> sorted(patient_info.values())
['P001', '咳嗽', '女', '王华']
>>> sorted(patient_info.items())
[('姓名', '王华'), ('性别', '女'), ('患者 ID', 'P001'), ('症状', '咳嗽')]
>>> sorted(patient_info.items(),key=lambda item: item[1])
[('患者 ID', 'P001'), ('症状', '咳嗽'), ('性别', '女'), ('姓名', '王华')]
```

例 4-5 使用字典存储药物及其库存量，查询特定药物的库存。

参考代码：

```
#药物库存字典
med_inventory = {"阿司匹林": 150, "布洛芬": 80,"青霉素": 50,"洛伐他汀": 60}

#查询 '布洛芬' 的库存
ibuprofen_stock = med_inventory.get("布洛芬", 0)
print(f"布洛芬库存: {ibuprofen_stock}")

#查询不存在的药物的库存
vitamin_stock = med_inventory.get("维生素 C", 0)
print(f"维生素 C 库存: {vitamin_stock}")
```

运行结果：

```
布洛芬库存: 80
维生素 C 库存: 0
```

例 4-6 综合案例。

（1）创建患者的基本信息。使用元组和字典创建一个患者的基本信息，包括患者 ID、姓名、年龄、性别和联系方式。

参考代码：

```
#使用元组存储患者 ID 和联系方式
patient_id = ("P1001",)
contact_info = ("13800138000", "zhangsan@example.com")
```

```
#使用字典存储患者的基本信息
patient_record = {"患者 ID": patient_id[0], "姓名": "张三","年龄": 29,"性别": "男","联系方式": contact_info}

print(patient_record)
```

运行结果：

```
{'患者 ID': 'P1001', '姓名': '张三', '年龄': 29, '性别': '男', '联系方式': ('13800138000', 'zhangsan@example.com')}
```

（2）管理患者的过敏药物信息。使用集合存储患者的过敏药物，并添加新的过敏药物。

参考代码：

```
#使用集合存储患者的过敏药物
allergies = {"青霉素", "磺胺类"}

#添加新的过敏药物
allergies.add("阿司匹林")

print(allergies)
```

运行结果：

```
{'阿司匹林', '磺胺类', '青霉素'}
```

（3）记录多名患者的病史。使用嵌套字典记录多名患者的病史，一位患者可能有多种疾病病史。

参考代码：

```
#使用嵌套字典存储多名患者的病史
patients_history = {
    "P1001": {
        "高血压": "已确诊",
        "糖尿病": "未确诊"
    },
    "P1002": {
        "冠心病": "已确诊"
    },
    "P1003": {
        "哮喘": "已确诊",
        "过敏性鼻炎": "未确诊"
    }
}

print(patients_history)
```

运行结果：

```
{
    'P1001': {'高血压': '已确诊', '糖尿病': '未确诊'},
    'P1002': {'冠心病': '已确诊'},
    'P1003': {'哮喘': '已确诊', '过敏性鼻炎': '未确诊'}
}
```

（4）使用列表和集合管理医院的科室信息，确保科室名称的唯一性。

参考代码：

```
#使用列表存储科室信息（可能有重复）
departments_list = ["心脏科", "神经科", "内分泌科", "心脏科", "儿科"]

#使用集合去除重复，确保科室名称的唯一性
unique_departments = set(departments_list)

print(unique_departments)
```

运行结果：

```
{'儿科', '心脏科', '内分泌科', '神经科'}
```

（5）建立患者与处方药物的映射关系。使用字典存储患者 ID 与处方药物的映射，并查询特定患者的处方药物。

参考代码：

```
#使用字典存储患者 ID 与处方药物的映射
prescriptions = {
    "P1001": ["阿司匹林", "洛伐他汀"],
    "P1002": ["布洛芬"],
    "P1003": ["氨氯地平", "塞来昔布"]
}

#查询患者"P1002"的处方药物
p1002_prescription = prescriptions.get("P1002", [])
print(f"P1002 的处方药物: {p1002_prescription}")
```

运行结果：

```
P1002 的处方药物: ['布洛芬']
```

（6）计算患者的身体质量指数（BMI）。使用字典存储患者的身高和体重，计算并添加 BMI 值到字典中。身体质量指数（BMI）等于体重（kg）除以身高（m）的平方。

参考代码：

```
#使用字典存储患者的身高和体重
patients_metrics = {
    "P1001": {"身高": 1.75, "体重": 70},
    "P1002": {"身高": 1.60, "体重": 60},
    "P1003": {"身高": 1.80, "体重": 90}
}

#计算 BMI 值并添加到每位患者的信息中
for pid, metrics in patients_metrics.items():
    bmi = metrics["体重"] / (metrics["身高"] ** 2)
    metrics["BMI"] = round(bmi, 2)

print(patients_metrics)
```

运行结果：

```
{
    'P1001': {'身高': 1.75, '体重': 70, 'BMI': 22.86},
    'P1002': {'身高': 1.60, '体重': 60, 'BMI': 23.44},
```

```
    'P1003': {'身高': 1.80, '体重': 90, 'BMI': 27.78}
}
```

（7）存储患者的检查结果。使用列表和字典存储单个患者的多项检查结果，并展示所有检查项目及其结果。

参考代码：

```
#使用列表和字典存储单个患者的多项检查结果
patient_checks = {
    "患者 ID": "P1001",
    "姓名": "张三",
    "检查结果": [
        {"项目": "血常规", "结果": "正常"},
        {"项目": "肝功能", "结果": "异常"},
        {"项目": "肾功能", "结果": "正常"}
    ]
}

print(patient_checks)
```

运行结果：

```
{
    '患者 ID': 'P1001',
    '姓名': '张三',
    '检查结果': [
        {'项目': '血常规', '结果': '正常'},
        {'项目': '肝功能', '结果': '异常'},
        {'项目': '肾功能', '结果': '正常'}
    ]
}
```

本章小结

在本章中，主要探讨了 Python 中的五大组合数据类型：字符串、列表、元组、集合与字典。这些数据类型不仅是 Python 编程的基础构件，也是处理和组织复杂数据的有力工具。

字符串是由字符组成的有序序列，用于存储和操作文本数据。字符串的基本操作为文本处理提供了灵活性和便利性。

列表是有序且可变的集合，允许存储不同类型的元素。列表有助于高效地管理和操作一系列相关数据，适用于需要动态变化的数据集合场景。

元组与列表类似，但其内容是不可变的。由于元组的不可变性，在某些情况下其性能优于列表。

集合是无序且不重复的元素集合，主要用于去除重复元素和成员关系测试。集合支持数学上的集合操作，如并集、交集、差集和对称差集等。集合有助于高效地处理具有唯一性要求的数据，并在数据分析和处理过程中发挥重要作用。

字典是键值对的无序集合，用于高效地存储和查找数据。每个键必须是唯一的，而值可以是任意类型的数据。字典在需要通过唯一标识符才能快速访问数据的应用中尤为重要，如存储和管理配置参数、映射关系及复杂的数据结构。

总之，组合数据类型是 Python 中不可或缺的组成部分。这些数据类型各具特色，理解其适用场景和操作方法，将极大提高编程的效率和代码的可读性。在实际开发过程中，合理选择和使用这些数据类型，能够有效地解决数据处理中的各种问题，实现 Python 的强大功能和优良性能。

掌握组合数据类型的核心概念和操作技巧，读者将具备处理多样化数据需求的基本能力，为进一步学习和应用更高级的编程技术打下坚实的基础。

课后习题

一、选择题

1. 表达式 '{:#<9d}'.format(666) 的值为（　　）。

A. '666######'　　B. '######666'

C. '###666###'　　D. 表达式错误无法计算

2. 表达式 '{1},{0}'.format(3, 5) 的值为（　　）。

A. '1,0'　　B. '3,5'　　C. '0,1'　　D. '5,3'

3. 已知 a = 3 和 b = 5，那么表达式 f'{a+b:=>8d}' 的值为（　　）。

A. '8'　　B. '3+5=>8'　　C. '=======8'　　D. '3+5=8'

4. 表达式 '{0:c},{0:d},{0:#o}'.format(65) 的值为（　　）。

A. 'A,65,0o101'　　B. 'a,65,0o101'　　C. 'A,65,101'　　D. 'A,101,0o101'

5. 表达式 'Beautiful is better than ugly.'.find('beautiful') 的值为（　　）。

A. 0　　B. −1　　C. 1　　D. 引发异常

6. 表达式 '1234'.upper() 的值为（　　）。

A. '1234'　　B. '一二三四'　　C. '壹贰叁肆'　　D. 表达式错误

7. 表达式 'a' + 3 的值为（　　）。

A. 'd'　　B. 100　　C. 'aaa'　　D. 语法错误无法计算

8. 下列程序的运行结果正确的是（　　）。

```
>>>s='python'
>>>'{0:.4}'.format(s)
```

A. 'pyt'　　B. 'pyth'　　C. 'python'　　D. 'python'

9. 设字符串 s="abcdefg"，则 s[−3: −1]的值为（　　）。

A. e　　B. ef　　C. efg　　D. fg

10. 设字符串变量 p 的值是一个大写字母，下列（　　）表达式可以把 p 变成对应的小写字母。

A. chr(p - 'A' + 'a')　　B. chr(p) - chr('A')+chr('a')

C. ord(p)-ord('A')+ord('a") D. chr(ord(p)-ord('A')+ord('a'))

11. 以下选项关于元组数据的描述说法错误的是（ ）。

A. 元组一旦被创建就不能修改

B. 元组与列表同属序列类型数据，元组中的数据可以被任意修改

C. 元组用一对“()”和逗号表示数据

D. 元组中的元素可以是不同类型的数据

12. 以下选项关于列表的描述说法错误的是（ ）。

A. 列表的长度不可变 B. 列表用一对“[ ]”来表示

C. 列表是一个可以修改数据项的序列类型 D. 列表可以是空的

13. 下列代码执行后能输出变量 a 所含字符个数的选项是（ ）。

```
>
>> a=list('python 程序设计')
```

A. print(a.sum()) B. print(len(a))

C. print(a.index()) D. print(a.count())

14. 下列代码执行后的结果是（ ）。

```
>>> a=[1,2,3,4,5]
>>> a[::-1]
```

A. [5,4,3,2,1] B. [1,2,3,4,5]

C. [1,3,5] D. 错误信息提示

15. 以下关于字典描述错误的是（ ）。

A. 字典是一种可变容器，可存储任意类型的数据

B. 每个键值对都用冒号隔开

C. 键值对中，“值”必须是唯一的

D. 键值对中，“键”必须是不可变的

16. 以下不能创建字典的语句是（ ）。

A. d={ } B. d={3:6}

C. d={(3,4,5): 'rttyu'} D. d=([1,2,3]: 'rttyu')

17. 以下关于集合的说法不正确的是（ ）。

A. 集合中的数据无序

B. 使用集合可以过滤重复值

C. 集合输出的结果唯一

D. 集合中所有数据包含在一对大括号“{}”中

18. 执行 d={}操作后，以下说法正确的是（ ）。

A. 创建一个字典 B. 创建一个集合

C. 提示错误信息 D. 既可以创建集合也可以创建字典

19. a=[1,2,3]，执行 sorted(a)后的结果是（ ）。

A. [1,2,3] B. [3,2,1] C. [3] D. [1]

20. a=[1,2,3]，执行 print(a*2)后的结果是（ ）。

A. [1,2,3,1,2,3] B. [1,2,3] C. [1,2,3] [1,2,3] D. [1,2,3] [1,2,3]

二、判断题

1. Python 运算符“%”不仅可以用来求余数，还可以用来格式化字符串，但后一种用法已经不推荐使用了。（ ）

2. 相同内容的字符串使用不同的编码格式进行编码，得到的结果可能不一样。（ ）

3. Python 字符串方法 replace()对字符串进行原地修改，没有返回值。（ ）

4. Python 字符串方法 replace()返回替换后的新字符串，不对原字符串做任何修改。（ ）

5. Python 语言提供区间访问方式，通常采用[N,M]格式。（ ）

6. Python 语言提供区间访问方式，通常采用[N:M]格式。（ ）

7. 执行下列代码的结果是:1,2,3,4。（ ）

```
>>> x=',1,2,3,4,'
>>> y=x.strip(',')
>>> print(y)
```

8. '\n'是转义符中的换行符，其功能是将光标移到下行的任意位置。（ ）

9. format 方法中，如果用户希望引用槽的顺序发生改变，也可以自行在槽中设置序号顺序。（ ）

10. 执行下列代码的结果是:1234。（ ）

```
>>> x='1,2,3,4'
>>> y=x.strip(',')
>>> print(y)
```

11. 列表可以作为集合的元素。（ ）

12. 表达式 {1, 3, 2} > {1, 2, 3} 的值为 True。（ ）

13. 只能通过切片访问列表中的元素，不能使用切片修改列表中的元素。（ ）

14. 已知 x = {1:1, 2:2}，那么语句 x[3] =3 无法正常执行。（ ）

15. 已知元组 x = (1, 2, 3)，那么执行 x.append(4)后，x 的值为(1, 2, 3, 4)。（ ）

16. 系统将空列表、空字典、空元组都当作 False 值对待。（ ）

17. del 作为保留字与 clear()方法一样，都可以对组合数据类型进行删除操作，两者没有区别。（ ）

18. 对于列表而言，在尾部追加元素比在中间位置插入元素速度更快，尤其对于包含大量元素的列表。（ ）

19. len({1, (2,3), {4,5}})的值为 3。（ ）

20. 表达式{1, 2, 3} | {3, 4, 5}的值为{1, 2, 3, 4, 5}。（ ）

三、填空题

1. 列表对象的_________方法删除首次出现的指定元素，如果列表中不存在要删除的元素，则抛出异常。

2. 假设列表对象 aList 的值为[3, 4, 5, 6, 7, 9, 11, 13, 15, 17]，那么切片 aList[3:7]的值是_________。

3. 已知 x = (3)，那么表达式 x * 3 的值为_________。

4. 任意长度的非空列表、元组和字符串中，最后一个元素的下标为________。

5. 使用字典对象的________方法可以返回字典的所有元素，使用字典对象的________方法可以返回字典的所有 “键”，使用字典对象的________方法可以返回字典的所有“值”。

四、编程题

1. 求长方体的体积。输入三个表示长方体长宽高的 a, b, c，求长方体的体积 v，并将长方体的体积输出，保留 2 位小数。

2. 数字星期转换。从键盘输入 0~6 中的一个数字，输出对应的星期。

例如：

输入：0，输出：星期日

输入：3，输出：星期三

不考虑输入有误的情况。

3. 拼接字符串。使用 input()函数输入两个非空字符串 s1，s 2，要求将这两个字符串拼接在一起形成一个新的字符串，并用 print 语句输出新的字符串。

4. 给定一个句子（只包含字母和空格），单词用空格分割, 单词之间只有一个空格，句子前后没有空格。要求输出句子中单词反转后形成的句子，例如，“say hello world”改为“world hello say”。

5. 替换空格。把所给字符串中的每个空格替换成'space'，输入为一行字符串。

6. 写出下列内容正确的输出格式。(可上机验证)

```
print("{0:=^10}".format( “PYTHON” ))
print("{0:*>20}".format("BMI"))
print("{:.3}".format( “Python"))
print("{0:,.2f}".format(12345.6789))
print("{0:e},{0:E},{0:f},{0:%}".format(3.14))
print( “{:15s}:{:8.2f}” .format( “length” ,23.87501))
```

7. 将列表中的所有元素排序。输入一个列表，将列表升序后并输出，降序后并输出。

8. 将列表中的所有元素翻转。输入一个有四个元素的列表，将列表翻转后并输出。

9. 更改元组中的元素。定义一个元组（只包含数字，元素不少于两个)，将它的第二项变成原来的两倍。

10. 字典应用。小明、小刚去超市买水果。小明买了苹果、草莓、香蕉，一共花了 89 元钱，小刚买了葡萄、橘子、樱桃，一共花了 87 元钱。请从上面的描述中提取数据，存储到字典中，可以根据姓名获取其买的水果种类和总费用。

第 5 章

控制结构

控制结构是编程中的核心概念，它决定了程序的执行流程。在本章中，首先将详细介绍程序流程图，它是理解程序逻辑和执行顺序的重要工具。然后探讨顺序结构，它是程序中最基本的形式，使语句按照编写的顺序依次执行。分支结构则根据条件判断来选择不同的执行路径，增加了程序的灵活性。循环结构允许程序重复执行某段代码，直到满足特定条件为止，提高了代码的复用性和运行效率。最后，异常处理机制有助于捕获和处理程序运行时可能出现的错误，确保程序的稳健性。本章思维导图如图 5-1 所示。

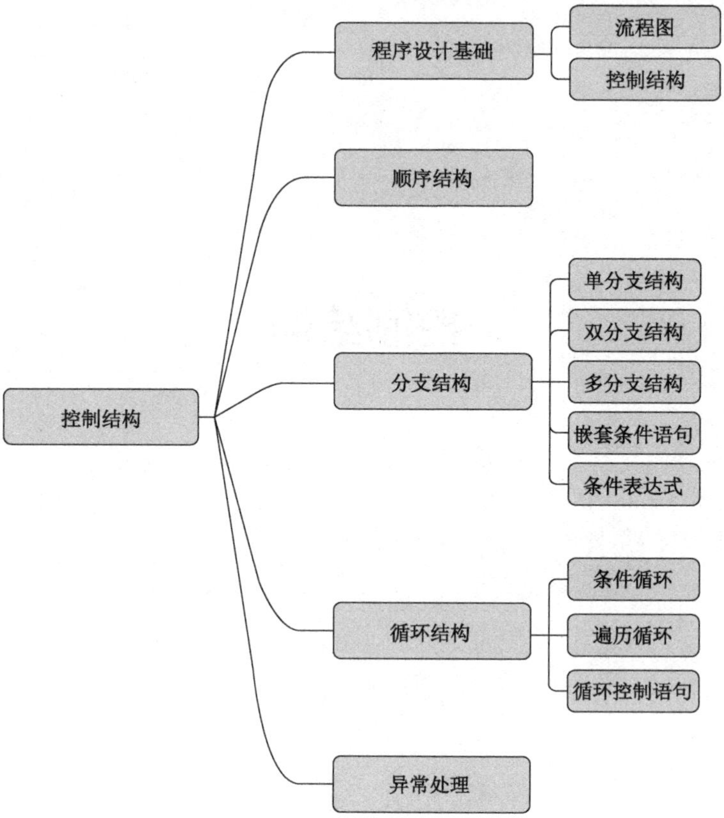

图 5-1　本章思维导图

5.1　程序设计基础

5.1.1　程序流程图

程序流程图可以清楚地表示代码的执行过程，它主要由一系列的图形框、流程线和文字组成。图形框主要有起止框 、输入输出框、处理框及判断框 4 种，如图 5-2 所示。

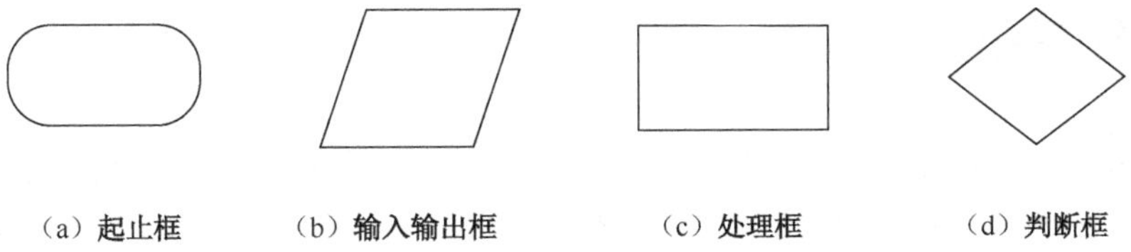

图 5-2 程序流程图的 4 种图形框

其中，起止框表示程序逻辑的开始或结束，是程序流程图中的起点和终点。输入输出框表示算法的输入和输出操作，输入框通常位于起止框（起点）的后面，作为流程的输入部分。输出框通常位于流程的末尾，用于展示处理结果。处理框表示算法中各种技术和赋值的操作，其可以是简单的数学运算或者复杂的逻辑判断。判断框表示一个判断条件，并根据判断结果选择不同的执行路径。从判断框可以引出不同的分支，每个分支代表一种可能的流程路径。

5.1.2 程序的控制结构

Python 中程序的控制结构包括顺序结构、分支结构（选择结构）和循环结构。这三大结构是构建 Python 程序的基础。

（1）顺序结构是程序中最简单、最基本的结构。在顺序结构中，程序中的语句会按照从上到下的顺序依次执行，每一条语句都会在前一条语句执行完毕后才开始执行。顺序结构是程序流程的自然延伸，不需要任何额外的控制语句来引导。顺序结构通常用于执行简单的操作，如打印输出、变量赋值和简单的算术运算等。顺序结构如图 5-3 所示。

（2）分支结构允许程序根据某些条件来决定执行哪一条语句。分支结构也叫作选择结构，主要分为单分支、双分支和多分支结构。分支结构如图 5-4 所示。

（3）循环结构允许程序重复执行某段代码，直到满足某个特定的条件为止。主要通过遍历循环和条件循环实现。遍历循环通常用于遍历序列（列表、元组、字符串等）或可迭代对象，而条件循环则允许程序在给定条件为真时重复执行代码块。循环结构还可以与选择结构结合使用，以实现更复杂的控制流程。循环结构如图 5-5 所示。

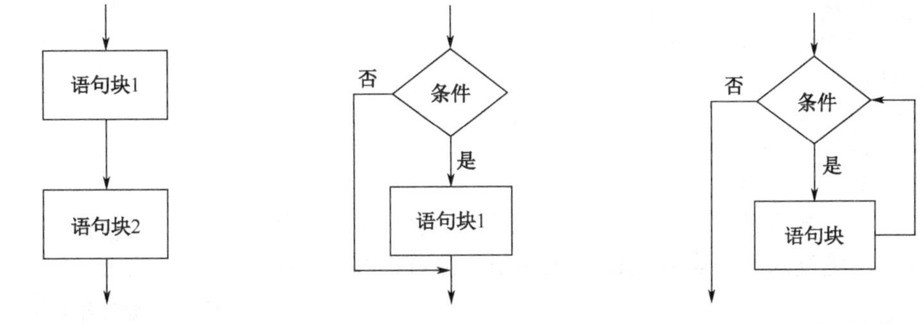

图 5-3 顺序结构　　图 5-4 分支结构　　图 5-5 循环结构

5.2 顺序结构

顺序结构是程序按照线性顺序依次执行的一种运行方式。在顺序结构中，程序中的语句按照它们在源代码中出现的顺序依次执行。顺序结构是程序执行的基础，也是最简单的程序结构。顺序结构的特点如下。

（1）简单明了：代码按顺序执行，没有复杂的跳转和分支。

（2）可读性高：由于没有复杂的控制结构，代码易于理解。

（3）适用于简单的任务：适用于简单的任务，如基本的数学运算。

身体质量指数（BMI）是国际上常用的评估人体营养状态、胖瘦程度，以及是否健康的重要指标。超重和肥胖人群可以通过科学锻炼、合理饮食等健康的生活方式降低BMI值，从而改善身体形态、增强身体机能、提高健康水平。

BMI 的计算公式：身体质量指数（BMI）=体重（kg）÷身高 ^{2}（m）。中国 BMI 标准如表 5-1 所示。

表 5-1　中国 BMI 标准

BMI 值	体重状况
BMI＜18.5	偏瘦
18.5≤BMI＜24	正常
24≤BMI＜28	偏重
28≤BMI	肥胖

例 5-1　输入一个人的身高（m）和体重（kg），通过 BMI 计算公式计算出这个人的 BMI 值。

参考代码：

```
#获取用户输入的身高和体重
height = float(input("请输入你的身高（m）："))
weight = float(input("请输入你的体重（kg）："))
#计算 BMI
bmi = weight / (height ** 2)
#输出 BMI 值
print(f"你的 BMI 值为：{bmi:.2f}")
```

运行结果：

```
请输入你的身高（m）：1.65
请输入你的体重（kg）：40
你的 BMI 值为：14.69
```

顺序结构是程序中最基础的结构，通常与其他结构组合使用，以实现更复杂的逻辑和功能。顺序结构流程图如图 5-6 所示。

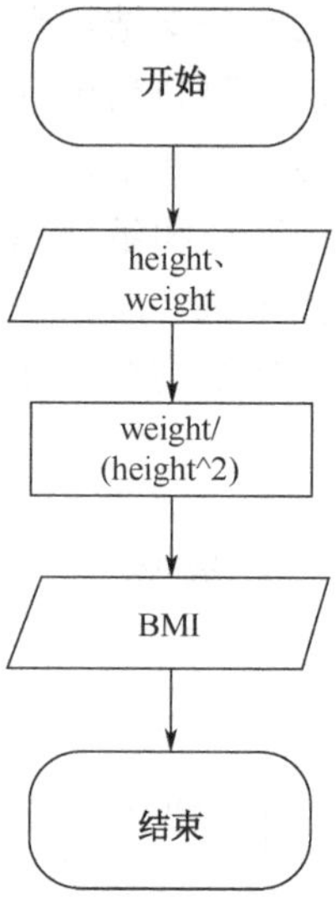

图 5-6　顺序结构流程图

5.3　分支结构

Python 中的分支结构是程序控制流程的重要组成部分，主要包括单分支结构、双分支结构、多分支结构及嵌套条件结构，这些结构允许程序根据不同的条件执行不同的代码块。

5.3.1　单分支结构

单分支结构也叫 if 语句结构，是最简单的分支结构，它只根据一个条件是否成立来决定是否执行一段代码。if 语句的形式如下。

```
if 判断条件:
    语句块
```

例 5-2　输入一个人的身高（m）和体重（kg），通过 BMI 计算公式计算出这个人的 BMI 值后，用单分支结构判断体重是否偏瘦。

参考代码：

```
#获取用户输入的身高和体重
height = float(input("请输入你的身高（m）: "))
weight = float(input("请输入你的体重（kg）: "))
#计算 BMI
bmi = weight / (height ** 2)
#输出 BMI 值
print(f"你的 BMI 值为: {bmi:.2f}")
#使用单分支结构判断 BMI 值是否低于 18.5
if   bmi < 18.5 :
    print("你的体重偏瘦。")
```

运行结果：

```
请输入你的身高（m）：1.65
请输入你的体重（kg）：40
你的 BMI 值为：14.69
你的体重偏瘦。
```

单分支结构流程图如图 5-7 所示。

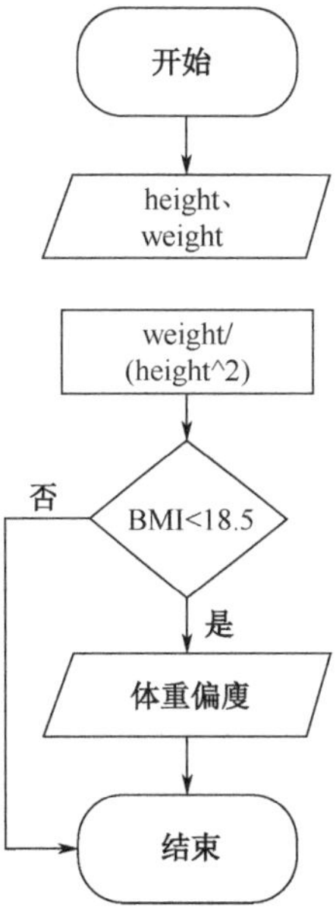

图 5-7　单分支结构流程图

5.3.2　双分支结构

双分支结构也叫 if-else 语句结构，在条件为真时执行一个语句块，在条件为假时执行另一个语句块。if-else 语句的形式如下：

```
if 判断条件:
    语句块 1
else:
    语句块 2
```

例 5-3　输入一个人的身高（m）和体重（kg），通过 BMI 计算公式计算出这个人的

BMI 值后，用双分支结构判断体重是否在健康范围内。

参考代码：

```
#获取用户输入的身高和体重
height = float(input("请输入你的身高（m）："))
weight = float(input("请输入你的体重（kg）："))
#计算 BMI
bmi = weight / (height ** 2)
#输出 BMI 值
print(f"你的 BMI 值为: {bmi:.2f}")
#使用双分支结构判断体重是否在健康范围内
if 18.5 <= bmi < 24:
    print("你的体重处于健康范围内。")
else:
    print("你的体重不在健康范围内。")
```

运行结果：

```
请输入你的身高（m）：1.65
请输入你的体重（kg）：40
你的 BMI 值为：14.69
你的体重不在健康范围内。
```

双分支结构流程图如图 5-8 所示。

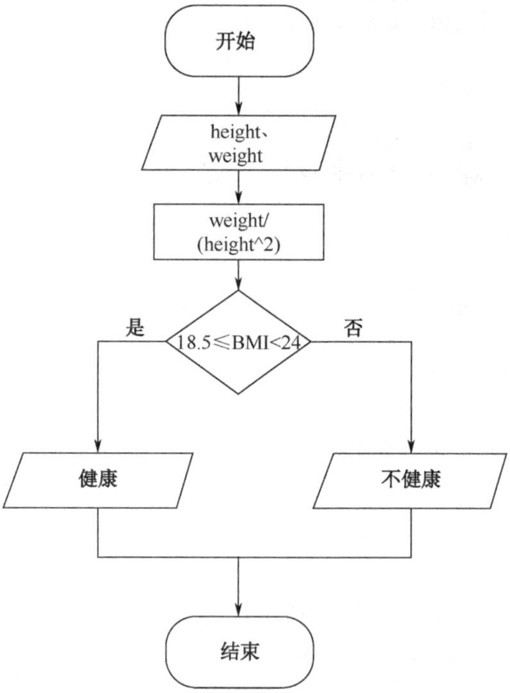

图 5-8　双分支结构流程图

5.3.3　多分支结构

多分支结构也叫 if-elif-else 语句结构，用于处理多个条件，根据不同的条件选择执行不同的语句块。if-elif-else 语句的形式如下：

```
if 判断条件 1：
    语句块 1
elif 判断条件 2：
    语句块 2
...
elif 判断条件 n：
    语句块 n
else:
    语句块 n+1
```

注意：各个判断条件只要保证完整性和互斥性即可。

参考代码：

```
#获取用户输入的身高和体重
height = float(input("请输入你的身高（m）："))
weight = float(input("请输入你的体重（kg）："))
#计算 BMI
bmi = weight / (height ** 2)
#输出 BMI 值
print(f"你的 BMI 值为: {bmi:.2f}")
#使用多分支结构判断 BMI 值的范围
if bmi < 18.5:
    print("你的体重偏瘦。")
elif bmi < 24:
    print("你的体重正常。")
elif bmi < 28:
    print("你的体重偏重。")
else:
    print("你的体重肥胖。")
```

运行结果：

```
请输入你的身高（m）：1.65
请输入你的体重（kg）：40
你的 BMI 值为：14.69
你的体重偏瘦。
```

5.3.4　嵌套条件语句

嵌套条件语句也叫嵌套分支结构，是指一个分支结构内部包含另一个分支结构，用于处理更加复杂的条件判断。通过嵌套分支结构，可以实现更细致的条件控制和更复杂的逻辑判断。嵌套分支结构的形式如下。

```
if 判断条件 1:
    语句块 1
else:
    if 判断条件 2:
        语句块 2
    else:
        语句块 3
```

参考代码：

```
#获取用户输入的身高和体重
height = float(input("请输入你的身高（m）："))
weight = float(input("请输入你的体重（kg）："))
#计算 BMI
bmi = weight / (height ** 2)
#输出 BMI 值
print(f"你的 BMI 值为: {bmi:.2f}")
#使用嵌套分支结构判断 BMI 值的范围
if bmi < 18.5:
    print("你的体重偏瘦。")
else:
    if bmi < 24:
        print("你的体重正常。")
    else:
        if bmi < 28:
            print("你的体重偏重。")
        else:
            print("你的体重肥胖。")
```

运行结果：

```
请输入你的身高（m）：1.65
请输入你的体重（kg）：40
你的 BMI 值为：14.69
你的体重偏瘦。
```

5.3.5 条件表达式

条件表达式也叫三元表达式，是双分支结构的一种简化形式，它可以在一行代码中实现双分支结构的逻辑。条件表达式的形式如下：

```
表达式 1 if 条件表达式 else 表达式 2
```

当条件表达式为 True 时返回表达式 1 的值，当条件表达式为 False 时返回表达式 2 的值。

参考代码：

```
bmi = 14.69
print("你的体重正常。") if 18.5 <= bmi <= 24 else print("你的体重不正常。")
```

运行结果：

```
你的体重不正常。
```

5.4　循环结构

在 Python 中，循环结构用于重复执行一段代码块，直到满足某个条件为止。Python 主要提供两种类型的循环结构：条件循环和遍历循环。

5.4.1　条件循环

条件循环就是 while 循环，用于在满足某个条件时重复执行代码块，while 循环多用于不确定循环次数的情况。其基本语法如下：

```
while 循环条件:
    循环体
```

参考代码：

```
#初始化一个空列表来存储数据
people_data = []
i=0
#使用 while 循环获取用户数据
while i < 3:
        #获取用户输入
        height = float(input("请输入你的身高（m）："))
        weight = float(input("请输入你的体重（kg）："))
        #将数据添加到列表中
        people_data.append((weight, height))
        i=i+1
print(people_data)
```

运行结果：

```
请输入你的身高（m）：1.65
请输入你的体重（kg）：40
请输入你的身高（m）：1.75
请输入你的体重（kg）：65
请输入你的身高（m）：1.85
请输入你的体重（kg）：75
[(1.65, 40), (1.75, 65), (1.85, 75)]
```

条件循环的流程图如图 5-9 所示。

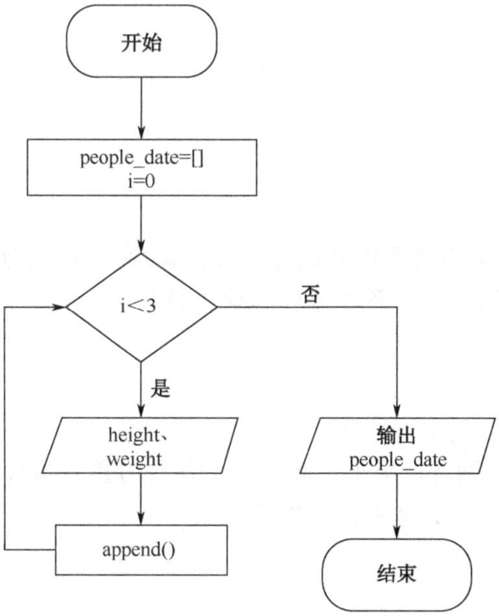

图 5-9　条件循环的流程图

5.4.2　遍历循环

遍历循环也叫 for 循环，用于遍历序列（列表、元组、字符串、字典、集合等）或其他可迭代对象，for 循环用于已知循环次数的情况。其基本语法如下：

```
for  循环变量  in 遍历结构:
    代码块
```

参考代码：

```
#一个包含多个人身高和体重数据的列表
people_data = [(1.65,40), (1.75,65), (1.85,75)]
#使用 for 循环遍历每个人的数据并计算 BMI
for height, weight in people_data:
    bmi = weight / (height ** 2)
    bmi_category = ""
    #根据 BMI 值进行分类
    if bmi < 18.5:
        bmi_category = "偏瘦"
    elif 18.5 <= bmi < 24:
        bmi_category = "正常"
    elif 24 <= bmi < 28:
        bmi_category = "超重"
    else:
        bmi_category = "肥胖"
    #打印每个人的 BMI 值和分类结果
    print(f"体重：{weight}kg，身高：{height}m, BMI：{bmi:.2f}，分类：{bmi_category}")
```

运行结果：

```
第 1 个人的 BMI 值是 14.69，分类为偏瘦
第 2 个人的 BMI 值是 21.22，分类为正常
第 3 个人的 BMI 值是 21.91，分类为正常
```

5.4.3 循环控制语句

在 Python 中，循环控制语句 break、continue 和循环后的 else 子句为循环结构提供了额外的控制流选项。break 语句用于终止整个循环，continue 语句用于终止当前循环，else 语句在循环结束后执行。

1. break 语句

break 语句用于立即终止它所在的循环，并跳出循环。无论是 for 循环还是 while 循环，break 语句都会立即停止执行循环中剩余的代码，并继续执行循环之后的代码。

参考代码：

```
#初始化一个空列表来存储数据
people_data = []
#使用 while 循环获取用户数据，直到用户决定停止
while True:
    #获取用户输入（这里需要处理输入格式和异常）
    height = float(input("请输入你的身高（m）："))
    weight = float(input("请输入你的体重（kg）："))
    #将数据添加到列表中
    people_data.append((height,weight))
    #询问用户是否继续
    continue_input = input("是否继续输入下一个人的数据？（yes/no）：")
    if continue_input.lower() != 'yes':
        break
```

运行结果：

```
请输入你的身高（m）：1.70
请输入你的体重（kg）：80
是否继续输入下一个人的数据？（yes/no）：no
```

2. continue 语句

continue 语句用于跳过当前循环的剩余部分，并立即开始下一次循环迭代。在 for 循环中，continue 语句表示跳过当前迭代并立即开始下一次迭代；在 while 循环中，continue 语句表示检查条件是否仍然为真，如果为真，则继续执行循环体。

参考代码：

```
#初始化一个空列表来存储数据
people_data = []
for i in range(3):
    #获取用户输入（这里需要处理输入格式和异常）
    height = float(input("请输入你的身高（m）："))
    weight = float(input("请输入你的体重（kg）："))
    if i==2:
```

```
            continue
        #将数据添加到列表中
        people_data.append((height,weight))
print(people_data)
```

运行结果：

```
请输入你的身高（m）：1.70
请输入你的体重（kg）：70
请输入你的身高（m）：1.80
请输入你的体重（kg）：80
请输入你的身高（m）：1.60
请输入你的体重（kg）：40
[(1.70, 70), (1.80, 80)]
```

3. else 子句

在 Python 中，for 循环和 while 循环都可以带有一个可选的 else 子句。这个 else 子句在循环正常结束（即没有遇到 break 语句）时执行。如果循环因为 break 而终止，则不会执行 else 子句中的代码。

参考代码：

```
for i in range(1, 5):                    #遍历 1 至 4 的数字
        print(i)                         #打印当前数字
    else:
        print("for 循环已正常结束。")      #当 for 循环未通过 break 中断时执行
```

运行结果：

```
1
2
3
4
for 循环已正常结束。
```

5.5 异常处理

在 Python 中的错误主要分为两大类：语法错误和逻辑错误。语法错误指 Python 解释器在解析代码时，代码的格式、结构或关键字使用不当导致的错误，如符号配对不正确、缩进错误及将关键字 while 写成 While 等。逻辑错误指代码在语法上没有问题，但在执行过程中，算法、逻辑判断或数据处理等方面导致的错误，如错误的循环条件、使用了未初始化的变量及将字符串与数字进行数学运算等。程序运行过程出现错误时，正常的执行流程会被打断并在控制台上显示错误的信息，这种情况就是异常。

Python 中的所有异常都是从 BaseException 类派生的。这个基类下有几个重要的子类，如 SystemExit、KeyboardInterrupt、GeneratorExit 和 Exception。其中，Exception 类是大多数内置异常的基类，也是用户自定义异常的推荐基类。无子类的异常表如表 5-2 所示，有子类的异常表如表 5-3 所示。

表 5-2　无子类的异常表

异常名称	描　述
StopIteration	迭代器没有更多值
StopAsyncIteration	必须通过异步迭代器对象的 anext()方法引发以停止迭代
AssertionError	断言语句失败
AttributeError	对象没有这个属性
BufferError	与缓冲区相关的操作时引发
EOFError	没有内建输入，到达 EOF 标记
MemoryError	内存溢出错误
ReferenceError	弱引用试图访问已经垃圾回收了的对象

表 5-3　有子类的异常表

异常名称	描　述
ArithmeticError	所有数值计算错误的基类，包括 FloatingPointError、OverflowError 和 ZeroDivisionError
ImportError	导入失败
LookupError	无效数据查询的基类，包括 IndexError 和 KeyError
NameError	未声明、初始化对象
OSError	操作系统错误，包括 FileNotFoundError 和 PermissionError 等
RuntimeError	一般的运行时错误，包括 NotImplementedError、RecursionError
SyntaxError	Python 语法错误，包括 IndentationError 和 TabError
ValueError	传入无效的参数
Warning	警告的基类

Python 还有一些警告类型，它们不会中断程序，但会提醒开发者注意潜在问题。这些警告包括 DeprecationWarning、PendingDeprecationWarning、RuntimeWarning 等。

异常处理是 Python 中一种非常重要的编程机制，它允许程序在遇到错误或出现异常时能够处理这些错误，而不是简单地崩溃或终止执行。这种机制可通过一系列的关键字和结构实现，包括 try、except、else 和 finally，其中 try 和 except 是必备的，else 和 finally 是可选的。异常处理的语法格式如下：

```
try:
    #尝试执行的代码
    语句块 1
except 异常类型:
    #处理异常
    语句块 2
else:
    #如果没有异常发生执行的代码
    语句块 3
finally:
    #无论是否发生异常都会执行的代码
    语句块 4
```

参考代码 1：

```
try:
    value = int(input("请输入一个数字: "))
    print(10 / value)
except ValueError:
    print("输入的不是一个有效的整数！")
except ZeroDivisionError:
    print("除数不能为零！")
except Exception as e:
    print(f"发生了一个错误: {e}")
```

运行结果：

```
请输入一个数字: 0
除数不能为零！
```

参考代码 2：

```
try:
    print("这是 try 块中的代码。")
except Exception as e:
    print(f"发生了一个错误: {e}")
else:
    print("没有异常发生，执行 else 块。")
```

运行结果：

```
这是 try 块中的代码。
没有异常发生，执行 else 块。
```

参考代码 3：

```
try:
    file = open("example.txt", "r")
    data = file.read()
    print(data)
except FileNotFoundError:
    print("文件未找到！")
except Exception as e:
    print(f"发生了一个错误: {e}")
finally:
    if 'file' in locals():   #确保文件变量存在
        file.close()
    print("文件已关闭。")
```

运行结果：

```
文件未找到！
文件已关闭。
```

本章小结

本章深入探讨了程序设计的核心——控制结构，通过程序流程图直观展示了程序执行的逻辑路径。顺序结构确保语句按编写顺序逐一执行；分支结构则根据条件判断灵活地选择执行路径；循环结构使程序能够重复执行代码块，直至满足特定条件。而异常处理机制则提供了程序运行时捕获和处理错误的能力，确保了程序的稳健运行。

课后习题

一、选择题

1. 下列程序输入数据 95，输出结果是（　　）。

```
s_score=input("请输入你的分数:")
score=int(s_score)
if score>=90:
 print("真棒!")
 print("你的能力超过了 85%的人!")
```

A. 请输入你的分数:95
真棒!
B. 请输入你的分数:95
你的能力超过了 85%的人!
C. 请输入你的分数:95
真棒!
你的能力超过了 85%的人!
D. 以上答案都不对

2. 程序由三种基本结构组成，它们是（　　）。
A. 顺序结构、分支结构、缩进结构　　B. 分支结构、循环结构、缩进结构
C. 单分支结构、二分支结构、多分支结构　　D. 顺序结构、分支结构、循环结构

3. 关于 Python 的分支结构，以下选项中描述正确的是（　　）。
A. 分支结构使用 for 保留字
B. 分支结构不可以向已经执行过的语句部分跳转
C. Python 中 if-else 语句用来形成多分支结构
D. Python 中 if-elif-else 语句描述二分支结构

4. 以下选项中，不是 Python 语句的基本控制结构的是（　　）。
A. 分支结构　　B. 循环结构　　C. 跳转结构　　D. 顺序结构

5. 关于分支结构，以下选项中描述不正确的是（　　）。
A. 多分支结构是单分支结构的扩展
B. if 语句中语句执行与否依赖于条件判断
C. 二分支结构是一种紧凑形式，使用保留字 if 和 else 实现
D. 多分支结构用于设置多个判断条件及对应的多条执行路径

6. 对于 if-else 紧凑结构：<表达式 1> if <条件> else <表达式 2>，下列描述正确的是（　　）。
A. <表达式 1>、<表达式 2>可以使用语句形式

B. <表达式 1>、<表达式 2>不可以使用语句形式

C. <表达式 1>可以使用语句形式，<表达式 2>不可以

D. <表达式 1>不可以使用语句形式，<表达式 2>可以

7. 下面代码的输出结果是（　　）。

```
x=0
y=1
if x>0 or y/x>2:
print('yes')
else:
print('no')
```

A. yes　　B. no　　C. 报错　　D. 无输出

8. 执行以下语句后，其功能描述正确的是（　　）。

```
k=15
while k:
    k=k-2
print(k)
```

A. while 循环执行了 15 次　　B. 该循环是无穷循环

C. 循环体一次也没被执行　　D. 循环体只被执行了一次

9. 执行以下语句后，输出结果的最后一行是（　　）。

```
for i in range(1,4):
    for j in range(2,6):
        print(i*j)
```

A. 24　　B. 15　　C. 8　　D. 6

10. 下列说法正确的是（　　）。

A. break 语句用在 for 循环中，而 continue 用在 while 循环中

B. break 语句用在 while 循环中，而 continue 用在 for 循环中

C. continue 能结束循环，而 break 只能结束本次循环

D. break 能结束循环，而 continue 只能结束本次循环

11. 执行该程序的运行次数是（　　）。

```
s=10000
while s>1:
   print(s)
 s=s/2
```

A. 10000　　B. 15　　C. 13　　D. 14

12. 关于 while 保留字，以下描述正确的是（　　）。

A. 使用 while 保留字必须提供循环次数

B. 所有 while 循环功能都能用 for 循环替代

C. while True 构成了死循环，程序要禁止使用

D. 使用 while 循环能够实现循环计数

13. 下面代码的输出结果是（　　）。

```
for i in range(1,5):
   if i%3==0:
```

```
            break
        else:
            print(i,end=",")
```

A. 1,2,3　　B. 1,2,3,4　　C. 1,2,　　D. 1,2,3,4,5

14. 在以下异常语句中，说法正确的是（　　）。

```
try:
    <语句块 1>
except<异常类型 1>:
    <语句块 2>
else:
    <语句块 3>
finally:
    <语句块 4>
```

A. 当语句块 1 正常执行无异常时，语句块 3 和语句块 4 都会执行
B. 当语句块 1 正常执行无异常时，语句块 3 不会执行但语句块 4 会执行
C. 当语句块 1 出现异常时，语句块 2 和语句块 3 都会执行，语句块 4 不会执行
D. 当语句块 1 出现异常时，语句块 2、语句块 3 和语句块 4 都会执行

15. 以下程序的执行结果是（　　）。

```
data = 50
try:
    data = data/0
except ZeroDivisionError:
    print('除数不能为 0')
else:
    print('除法正确 ')
finally:
    print('程序结束')
```

A. 除数不能为 0
程序结束
B. 除数不能为 0
C. 除法正确
程序结束
D. 程序结束

16. 以下程序的执行结果是（　　）。

```
data = 50
try:
    data = data/5
except:
    print('发生异常')
else:
    print('除法正确')
finally:
    print('程序结束')
```

A. 发生异常　　B. 程序结束　　C. 除法正确　　D. 除法正确程序结束

17. 执行以下程序，输入 c，输出结果是（　　）。

```
c='java'
try:
        data=eval(input('请输入数据:'))
        ld=data*2
    print(ld)
except:
        print('哈，出错了')
```

A. javajava　　B. java　　C. cc　　D. 哈，出错了

18. 执行以下程序，输入 qn，输出结果是（　　）。

```
n=0
while True:
        c=input('请输入:')
        if c=='q':
            n+=1
            continue
        else:
            n+=3
            break
print(n)
```

A. 1　　B. 2　　C. 3　　D. 4

19. 异常处理可以使用 Python 语言中的（　　）语句实现。

A. for　　B. if　　C. while　　D. try

20. 以下程序能输出“除法正确执行”的 entry 是（　　）。

```
try:
        1/int(entry)
except:
        print("除法出错了")
else:
        print("除法正确执行")
```

A. 'a'　　B. 0　　C. 2　　D. False

21. 使用语句 print(age) 试图访问一个不存在的变量 age 时会抛出下面哪种异常（　　）。

A. ZeroDivisionError　　B. TypeError

C. SyntaxError　　D. NameError

二、填空题

1. 判断某一个正整数 x 是否为奇数的 if 条件语句是_________。

2. 表达式 3 or 5 的值为_________。

3. 表达式 'ab' in 'acbed' 的值为_________。

4. 表达式 not 3 的值为_________。

5. 表达式 3<5>2 的值为_________（填 True 或 False）。

6. 下列程序段，当 score 的值为 85 时，grade 的值为________。

```
if score<=90:
    grade='A'
if score<=80:
    grade='B'
if score<=70:
    grade='C'
else:
    grade='D'
```

7. 下列程序的运行结果是________。

```
a,b=4,8
if a<5:
    a=a+1
    b=b+1
if a>=5:
    b=b+2
print(b)
```

三、判断题

1. Python 语言使用缩进来体现代码之间的逻辑关系。 （ ）
2. 表达式 1<3<5 等价于（1<3）<5，值为 True。 （ ）
3. 在 Python 中，关系运算符可以连续使用，如 1<3<5 等价于 1<3 and 3<5。 （ ）
4. 在条件表达式中不允许使用赋值运算符“=”，会提示语法错误。 （ ）
5. 在 Python 中，循环结构必须带有 else 子句。 （ ）
6. 如果仅仅是用于控制循环次数，那么使用 for i in range(20)和 for i in range(20, 40)的作用是相同的。 （ ）
7. 在编写多层循环时，为了提高运行效率，应尽量减少内循环中不必要的计算。 （ ）
8. 带有 else 子句的循环如果因为执行了 break 语句而退出，则会执行 else 子句中的代码。 （ ）
9. 只允许在循环结构中嵌套选择结构，不允许在选择结构中嵌套循环结构。 （ ）
10. 在异常处理结构中，不论是否发生异常，finally 子句中的代码总是会执行的。 （ ）
11. 在 try…except…else 结构中，如果 try 块的语句引发了异常，则会执行 else 块中的代码。 （ ）
12. 程序中异常处理结构在大多数情况下是没有必要的。 （ ）
13. 异常处理结构中的错误和异常是两个完全相同的概念，因此可以用同样的方法处理。 （ ）
14. 试图计算表达式 1/0 时会抛出 ZeroDivisionError 类型的异常。 （ ）
15. 试图计算表达式 '2' + 1 时会抛出 TypeError 类型的异常。 （ ）

16. 一旦代码抛出异常并且没有得到正确的处理，整个程序会崩溃，并且不会继续执行后面的代码。（ ）

四、编程题

1. 打印杨辉三角（Pascal's Triangle）的前 N 行。

2. 使用嵌套循环生成一个由星号“*”组成的菱形图案，用户输入菱形的高度（奇数）。

3. 实现一个猜数字游戏，程序随机生成一个 1 到 100 之间的数字，用户输入猜测的数字，程序提示用户猜大了、猜小了或猜对了，直到用户猜对为止。

第 6 章

函数

在 Python 编程语言中，函数是一个非常重要的结构，它允许使用者将一段特定的代码封装起来，并为其命名。使用者可以通过调用这个函数名并传递必要的参数来重复使用这段代码。函数有助于提升代码的可读性、可维护性和重用性。本章思维导图如图 6-1 所示。

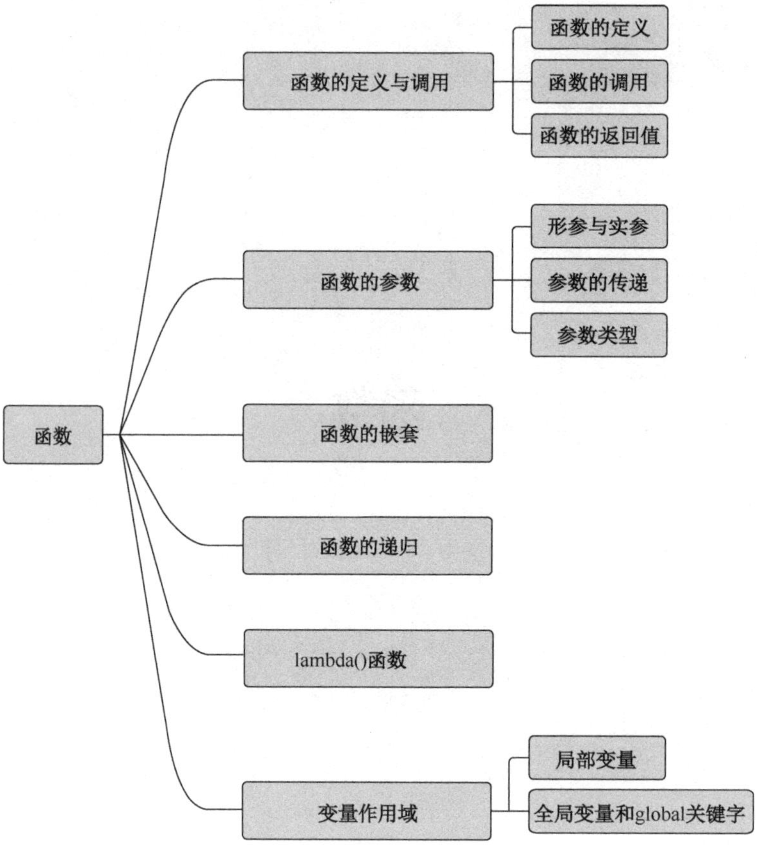

图 6-1　本章思维导图

6.1　函数的定义与调用

在 Python 中，函数是一种封装代码块机制，允许通过定义（使用 def 关键字指定函数名和参数）和调用（通过函数名和参数列表）重复使用代码，从而提高代码的模块化和重用性。

6.1.1　函数的定义

Python 中的函数定义是通过 def 关键字开始的，后面紧跟函数名和括号内的参数列表（参数是可选的），然后是冒号和缩进的代码块，这个代码块包含了函数要执行的语句。定义函数的一般形式如下：

```
def 函数名(参数 1,参数 2, …,参数 N):
    函数体
```

定义函数时需要注意以下几点：

（1）def 是定义函数的关键字，用于告诉 Python 要定义一个函数。

（2）函数名是函数的标识符，函数名应该尽量描述函数的功能，以便于理解和使用。

（3）参数是可选的，有些函数可能不需要任何参数。

（4）函数体是函数执行的具体代码，必须缩进，以表示它们属于这个函数。

（5）return 语句是可选的语句，如果函数没有 return 语句，它将默认返回 None。

参考代码 1：

```
def calculate_bmi(height,weight):
    bmi = weight / (height ** 2)
    return bmi
```

参考代码 2：

```
def calculate_bmi(height,weight):
    bmi = weight / (height ** 2)
    print(f"你的 BMI 值为: {bmi:.2f}")
```

6.1.2 函数的调用

函数定义完成后，可以通过函数名和括号（可能包含传递给函数的实际参数）来调用它。调用函数时，Python 会跳转到函数定义处执行其内部的代码，并根据需要返回结果。函数调用的形式如下。

（1）有返回值调用：返回值 = 函数名(参数 1,参数 2, …,参数 N)。

参考代码：

```
#假设一个人的身高是 1.75m，体重是 70kg。
height = 1.75
weight = 70
#调用函数计算 BMI
bmi_value = calculate_bmi(height,weight)
#打印结果
print(f"你的 BMI 是: {bmi_value:.2f}")
```

运行结果：

```
你的 BMI 是: 22.86
```

（2）无返回值调用：函数名(参数 1,参数 2,…,参数 N)。

参考代码：

```
#假设一个人的身高是 1.75m，体重是 70kg。
height = 1.75
weight = 70
#调用函数计算 BMI
calculate_bmi(height,weight)
```

运行结果：

```
你的 BMI 是: 22.86
```

（3）别名调用：可将函数对象赋值给一个新的变量名，从而创建该函数的别名。

参考代码：

```
def calculate_bmi(height,weight):
    bmi = weight / (height ** 2)
    return bmi
new_bmi = calculate_bmi
#调用函数计算 BMI
bmi_value = new_bmi(height,weight)
#打印结果
print(f"你的 BMI 是: {bmi_value:.2f}")
```

运行结果：

```
你的 BMI 是: 22.86
```

6.1.3 函数的返回值

在 Python 中，函数可以返回一个值给调用者。返回值是使用 return 语句实现的。return 语句不仅可以用来返回一个或者多个值，还可以用来提前终止函数的执行。

（1）没有返回值：如果函数中没有 return 语句，或者 return 语句后面没有跟任何值，那么这个函数将返回 None。

参考代码：

```
def no_return():
    return
result = no_return()
print(result)
```

运行结果：

```
None
```

（2）返回单个值：函数可以返回单个值，这个值可以是任何数据类型（整数、浮点数、字符串、列表、字典、元组、集合、对象等）。

参考代码：

```
def return_list():
    return [1, 2, 3, 4, 5]
list_result = return_list()
print(list_result)
```

运行结果：

```
[1, 2, 3, 4, 5]
```

（3）返回多个值：虽然 Python 函数只能返回一个值，但这个值可以是元组，从而间接实现返回多个值。

参考代码：

```
def get_coordinates():
    x = 10
```

```
    y = 20
    return x, y
x_value, y_value = get_coordinates()
print(x_value, y_value)
```

运行结果：

```
10 20
```

注意：在上述例子中，get_coordinates()函数返回了两个值，这两个值被打包成了一个元组，然后在赋值时被解包到两个变量中。

（4）提前终止函数：return 语句可以在函数内部某个条件满足时提前终止函数的执行，并返回一个值。

参考代码：

```
def divide(a, b):
    if b == 0:
        return "Cannot divided by zero"
    return a / b
print(divide(10, 2))
print(divide(10, 0))
```

运行结果：

```
5.0
Cannot divided by zero
```

（5）表达式作为返回值：return 语句也可以返回一个表达式的计算结果。

参考代码：

```
def add(a, b):
    return a + b
result = add(3, 4)
print(result)
```

运行结果：

```
7
```

6.2 函数的参数

6.2.1 形参与实参

形参是函数定义时，括号内声明的变量。它们代表了函数期望接收的数据。在函数被调用时，形参会被赋予实参的值，从而在函数体内部进行运算。

实参是函数调用时，传递给函数的具体值或变量。它们可以是常量、变量、表达式的结果，甚至是另一个函数的返回值。实参的值会被赋给函数定义中的形参。

根据世界卫生组织的标准，高血压可以分为几个等级，如表 6-1 所示。

表 6-1　高血压等级

收缩压（SBP）	逻辑关系	舒张压（DBP）	血压等级
SBP < 120	and	DBP < 80	正常血压
120≤SBP < 140	or	80≤DBP < 90	正常高值
140≤SBP < 160	or	90≤DBP < 100	1 级高血压
160≤SBP < 180	or	100≤DBP < 110	2 级高血压
SBP≥180	or	DBP≥110	3 级高血压

参考代码：

```
def classify_bp(sbp, dbp):#形参
    if sbp < 120 and dbp < 80:
        return "正常血压"
    elif (120 <= sbp < 140) or (80 <= dbp < 90):
        return "正常高值"
    elif (140 <= sbp < 160) or (90 <= dbp < 100):
        return "1 级高血压"
    elif (160 <= sbp < 180) or (100 <= dbp < 110):
        return "2 级高血压"
    else:
        return "3 级高血压"

sbp_data = [130, 125, 145, 160, 185]
dbp_data = [85, 78, 92, 105, 115]
#对每个患者的血压进行分类
for sbp, dbp in zip(sbp_data, dbp_data):
    classification = classify_bp(sbp, dbp)#实参
    print(f"收缩压: {sbp}, 舒张压: {dbp} -> {classification}")
```

运行结果：

```
收缩压: 130, 舒张压: 85 -> 正常高值
收缩压: 125, 舒张压: 78 -> 正常高值
收缩压: 145, 舒张压: 92 -> 1 级高血压
收缩压: 160, 舒张压: 105 -> 2 级高血压
收缩压: 185, 舒张压: 115 -> 3 级高血压
```

6.2.2　参数的传递

在 Python 中，所有的数据类型（整数、浮点数、字符串、列表、字典等）都是对象。当一个变量传递给一个函数时，实际是在传递该变量的值的引用（或指针），但这个引用指向的是对象本身，而不是对象的一个副本。函数的参数对象既可以是不可变对象，也可以是可变对象。

不可变对象（整数、浮点数、字符串、元组）在函数内部被修改时就是在创建一个新的对象，而不会影响到原始对象。

可变对象（列表、字典、集合）在函数内部被修改时会直接影响到原始对象，因为

函数接收的是指向原始对象的引用。

参考代码：

```
                                              #定义一个函数来修改血压数据
def modify_bp(dbp, dbp_list):
                                              #修改不可变对象（整数）
    dbp += 10                                 #会创建一个新的整数对象
    print(f"函数内的 dbp：{dbp}")
                                              #修改可变对象（列表）
    dbp_list.append(dbp_list[-1] + 10)        #直接修改原始列表
    print(f"函数内的 dbp list：{dbp_list}")
                                              #示例数据
dbp = 120                                     #不可变对象（整数）
dbp_list = [80, 90, 100]                      #可变对象（列表）
                                              #调用函数
modify_bp(dbp, dbp_list)
                                              #打印函数外部的数据以查看是否发生变化
print(f"函数外的 dbp：{dbp}")
print(f"函数外的 dbp list：{dbp_list}")
```

运行结果：

```
函数内的 dbp：130
函数内的 dbp list：[80, 90, 100, 110]
函数外的 dbp：120
函数外的 dbp list：[80, 90, 100, 110]
```

Python 使用的“对象引用传递”机制在面对不可变对象时，函数内部的修改不会影响原始对象；面对可变对象时，函数内部的修改会直接影响到原始对象。

6.2.3 参数类型

Python 函数的参数类型灵活多样，包括必选参数、默认参数、位置参数、关键字参数及可变参数。必选参数确保了函数的基本功能得以实现。默认参数为函数提供了额外的灵活性，同时保持了简洁的调用方式。位置参数和关键字参数共同构成了函数调用的基础，使得函数既易于使用又易于理解。可变参数则进一步增强了函数的通用性和灵活性，使其能够处理更加复杂和多样的输入情况。

1. 必选参数和默认参数

必选参数是函数调用时必须明确提供的参数，默认参数在函数定义时即被赋予了一个默认值，如果在函数调用时没有为该参数提供值，则会自动使用默认值。函数定义时两者可以混合使用，但必选参数必须在默认参数之前。

参考代码：

```
def classify_bp(sbp, dbp=90):
    if sbp < 120 and dbp < 80:
        return "正常血压"
    else:
        return "血压不正常"
```

2. 位置参数和关键字参数

位置参数必须按照在函数定义中的顺序来传递参数。关键字参数是通过参数名明确指定的参数，可以在调用时改变参数的顺序。位置参数依赖于参数的顺序，而关键字参数则依赖于参数名，两者可以混合使用，但位置参数必须在关键字参数之前。位置参数用于简化函数调用，关键字参数则用于提高代码的可读性和灵活性。

参考代码：

```
classification = classify_bp(110)
print(classification)
```

运行结果：

```
血压不正常
```

3. 可变参数

可变参数也叫不定长参数，包括可变数量位置参数和可变数量关键字参数。可变数量位置参数使用*args 接收任意数量的位置参数，这些参数在函数内部被组织成一个元组。可变数量关键字参数使用**kwargs 接收任意数量的关键字参数，这些参数在函数内部被组织成一个字典。

参考代码：

```
def informtation(*args, **kwargs):
                                                    #args 是一个元组，包含所有位置参数
                                                    #kwargs 是一个字典，包含所有关键字参数
    print("可变位置参数：", args)
    print("可变关键字参数：", kwargs)

                                                    #调用时传递任意数量的位置参数和关键字参数
informtation("李明", 20, sbp=110, dbp=70)
```

运行结果：

```
可变位置参数: ('李明', 20)
可变关键字参数: {'sbp': 110, 'dbp': 70}
```

6.3 函数的嵌套

在 Python 中，函数的嵌套指的是在一个函数内部定义另一个函数。嵌套函数（也称为内部函数或局部函数）只能在其外部函数的作用域内被调用。这种结构具有封装功能，可以使代码更加模块化和易于维护。

参考代码：

```
                                                    #输入 x 和 b 的值，计算 y = 2x + b
def calculate_linear():
    def compute(x, b):
        return 2 * x + b
                                                    #获取用户输入：x=2；y=3
    x = float(input("请输入 x 的值: "))
    b = float(input("请输入 b 的值: "))
```

```
                                        #计算 y 的值
    y = compute(x, b)
                                        #打印结果
    print(f"y 的值为: {y}")
                                        #调用外层函数来执行计算
calculate_linear()
```

运行结果：

```
y 的值为: 7.0
```

在使用嵌套函数时需要注意以下几点。

（1）封装逻辑：嵌套函数可以将相关的逻辑封装在一起，使代码更加清晰并易于理解。

（2）作用域限制：嵌套函数只能在其外部函数的作用域内被访问，这有助于避免命名冲突和意外的全局变量。

（3）闭包：嵌套函数可以捕获并记住其外部函数的状态（即使外部函数已经执行完毕），这种行为称为闭包（closure）。闭包在 Python 中是一种非常强大的特性，Python 允许创建带有状态的函数。

6.4 函数的递归

在 Python 中，递归指的是一个函数直接或间接地调用自身。递归是一项非常强大的编程技术，特别适用于解决那些可以被分解为更小且相似的子问题，如阶乘计算、斐波那契序列生成、树的遍历等。

递归函数通常包含以下两个主要部分。

（1）递归终止条件（也称为基准情况）：这是递归终止的条件，防止函数无限调用自身。当满足这个条件时，函数将返回一个结果而不是继续递归。

（2）递归步骤：在这一步中，函数通过调用自身（可能带有不同的参数）来解决一部分问题。这个调用将会继续进行，直到满足递归终止条件。

阶乘，通常表示为 $n!$（其中 n 是一个非负整数），是所有小于或等于 n 的正整数的乘积。阶乘的数学定义如下：

$$n! = n\times(n-1)\times(n-2)\times\cdots\times2\times1 = n\times(n-1)!$$

参考代码：

```
def factorial(n):
                                        #基准情况
    if n == 1:
        return 1
                                        #递归情况：n 的阶乘是 n 乘以(n-1)的阶乘
    return n * factorial(n - 1)
                                        #测试递归阶乘函数
print(factorial(5))
```

运行结果：

```
120
```

6.5 lambda()函数

在定义函数的过程中，没有给定名称的函数就是匿名函数。匿名函数可以接收任意数量的参数，但只能有一个表达式。这个表达式的结果就是 lambda()函数的返回值。lambda()函数通常用于需要函数对象的地方，但又不想在程序中显式地定义一个标准的函数。

语法：函数名=lambda 参数列表: 表达式

参考代码：

```
add = lambda x, y: x + y
print(add(5,3))
```

运行结果：

```
8
```

若将 lambda()函数改写成一般的函数形式，这个函数的函数体内只会包含一个表达式，改写后的代码如下所示。

参考代码：

```
def add(x,y):
    return x+y
print(add(5+3))
```

运行结果：

```
8
```

lambda()函数的应用场景。

（1）高阶函数参数：lambda()函数通常用于需要传递函数作为参数的情况下，特别是在函数式编程中。例如，map()、filter()、reduce()等高阶函数经常接受 lambda()函数作为参数。

（2）排序操作：在排序函数中，lambda()函数常用于定义排序键。在使用 sort()和 sorted()函数对列表进行排序时，可以通过 lambda()函数指定排序的依据。

sort()函数是列表的一个方法，它会直接对原列表进行排序，不返回新的列表。sorted()函数是一个内置函数，它不会修改原列表，而是返回一个新的已排序列表。sort()和 sorted()函数都接受一个名为 key 的参数，这个参数允许指定一个函数，用于从每个列表元素中提取一个用于排序的值。key 参数非常灵活，可以使用任何可调用的对象，但是 lambda()函数因其简洁性而特别常用。

sort()函数排序参考代码：

```
#列表
numbers = [5, 2, 9, 1, -3, 6]
#按数字本身排序（默认排序方式）
numbers.sort()
print("按数字本身排序后的结果:", numbers)
#按数字的平方排序
```

```
numbers.sort(key=lambda x: x**2)
print("按数字的平方排序后的结果:", numbers)
#字符串列表按长度排序
words = ["apple", "banana", "cherry", "date"]
words.sort(key=lambda x: len(x))
print("按字符串列表按长度排序后的结果:", words)
```

运行结果：

```
按数字本身排序后的结果: [-3, 1, 2, 5, 6, 9]
按数字的平方排序后的结果: [1, 2, -3, 5, 6, 9]
按字符串列表按长度排序后的结果: ['date', 'apple', 'banana', 'cherry']
```

sorted()函数排序参考代码：

```
my_dict = {'banana': 3, 'apple': 4, 'pear': 1, 'orange': 2}
#创建一个由（值，键）对组成的列表，并按值排序
sorted_items = sorted(my_dict.items(), key=lambda item: item[1])
print("按值排序后的列表:", sorted_items)
#排序后的列表恢复为字典形式
sorted_dict = {k: v for k, v in sorted_items}
print("按值排序后的字典:", sorted_dict)
```

运行结果：

```
按值排序后的列表: [('pear', 1), ('orange', 2), ('banana', 3), ('apple', 4)]
按值排序后的字典: {'pear': 1, 'orange': 2, 'banana': 3, 'apple': 4}
```

（3）临时函数：当需要一个函数来完成某个简单任务，但又不想在代码中正式定义一个函数时，就可以使用 lambda()函数。

（4）GUI 编程：在图形用户界面（GUI）编程中，lambda()函数经常用作回调函数来处理用户事件。

（5）异步编程：在处理异步编程任务时，lambda()函数可用于定义简单的回调函数以响应异步事件。

6.6 变量作用域

作用域就是变量的有效范围，决定变量可以在哪个范围内被使用。变量的作用域由变量的定义位置决定，在不同位置定义的变量，它的作用域是不一样的。

6.6.1 局部变量

定义在函数内的变量称为局部变量，其作用范围是从函数定义开始，到函数执行结束。局部变量的作用域仅限于定义它们的函数内部。一旦函数执行完毕，局部变量就会被销毁。在函数外部无法直接访问或修改局部变量。

参考代码：

```
def fun():
    a = 10                              #局部变量
    print(a)                            #在函数内部可以访问
```

```
                                        #在函数外部访问局部变量（会导致错误）
                                        #print(a)    #NameError: name 'local_var' is not defined
fun()
```

运行结果：

```
10
```

6.6.2 全局变量和 global 关键字

定义在函数外部的变量称为全局变量。作用域是整个程序，意味着可以在任何函数内部访问全局变量。在函数内部，作用域可以直接访问全局变量的值，而无须任何特殊声明，但是要在函数内部修改全局变量，需要使用 global 关键字来告诉 Python 这个变量是全局的。如果在函数内部直接给全局变量赋值，Python 会将其视为一个新的局部变量。

参考代码：

```
                                        #定义全局变量
a = 10
def fun1():
    print(f"直接访问全局变量：{a}")          #直接访问全局变量
def fun2():
    a = 12                              #局部新变量
    print(f"局部新变量：{a}")
def fun3():
    global a                            #声明要修改的是全局变量
    a = 20                              #修改全局变量的值

fun1()                                  #输出: 10
fun2()                                  #输出: 12
fun3()                                  #输出: 20
print(f"修改后的全局变量：{a}")            #在函数外部也可以看到修改后的值
```

运行结果：

```
直接访问全局变量：10
局部新变量：12
修改后的全局变量：20
```

注意事项如下：

（1）当需要在函数内部修改全局变量的值时，应使用 global 关键字。

（2）过度使用全局变量可能导致代码难以理解和维护，因此应谨慎使用。

本章小结

本章涵盖了函数的定义与调用，即使用 def 关键字创建函数并通过函数名加括号调用；函数的参数包括位置参数、关键字参数、默认参数及可变参数等；函数的嵌套指在一个函数内部定义另一个函数；函数的递归指函数直接或间接调用自身解决问题；lambda 函数可为简洁定义匿名函数提供便利；变量作用域决定了变量在代码中的可访问范围。

课后习题

一、选择题

1. 给出如下代码：

```
def func(a,b):
    c = a ** 2 + b
    b = a
    return c
a=10
b=100
func(a,b) + a
```

以下选项中描述错误的是（　　）。

A. 执行该函数后，变量 c 的值为 200

B. 该函数名称为 func

C. 执行该函数后，变量 b 的值为 100

D. 执行该函数后，变量 a 的值为 10

2. 关于 return 语句描述，正确的选项是（　　）。

A. 函数中必须有一个 return 语句

B. 函数中最多有一个 return 语句

C. return 语句只能返回一个值

D. 函数中可以没有 return 语句

3. 针对以下代码，选项错误的是（　　）。

```
def f(n):
    s = 1
    for i in range(1,n+1):
        s *= i
    return s
```

A. 代码中 n 是可选参数

B. 该函数功能为求 n 的阶乘

C. s 是局部变量

D. range()函数是 Python 内置函数

4. 以下描述错误的是（　　）。

A. 函数也是数据

B. 函数名称不能赋值给其他变量

C. 函数定义语句可以被执行

D. 函数主要通过接口与外部数据传递信息

5. 针对以下代码，选项正确的是（　　）。

```
def fib(n):
        a,b=1,1
    for i in range(n-1):
        a,b=b,a+b
```

```
        return a
print(fib(7))
```

A. 5　　B. 8　　C. 13　　D. 21

6. 针对以下代码，选项正确的是（　　）。

```
>>> def func(a=2,b=5):
sum=1
for n in range(1,a+1):
sum*=n
return sum//b
>>> print(func(b=10,a=5))
```

A. 执行结果为 15　　B. 按位置参数调用

C. 按可变参数传递　　D. 按名称传递

7. 针对以下代码，选项错误的是（　　）。

```
>>> str=['apple','peach','blueberry']
>>> def func(x):
str.append(x)
return
>>> func('banana')
>>> print(str)
```

A. 代码的输出结果是:['apple','peach','blueberry']

B. func(x)中的 x 为非可选参数

C. str.append(x)代码中的 str 是全局变量

D. str.append(x)代码中的 str 是列表类型的数据

8. 针对以下代码，选项错误的是（　　）。

```
>>>def f(x,y):
m = x ** 3 + y
y = x
return m
>>>a = 5
>>>b = 50
>>>m = f(a,b) + b
>>>print(m)
```

A. 执行该函数后，变量 m 的值为 75

B. 该函数名称为 f

C. 执行该函数后，变量 a 的值为 5

D. 执行该函数后，变量 b 的值为 50

9. 针对以下代码，选项正确的是（　　）。

```
>>> def x(n):
n=n+1
>>> b=10
>>> x(b)
>>> print(b)
```

A. 系统出错　　B. 10　　C. 11　　D. 9

10. 针对以下代码，选项正确的是（ ）。

```
>>>def a(x,y=0,z=0):
Pass
```

A. a(2,x=3,z=4)
B. a(x=2,3)
C. a(x=2,y=3,z=4)
D. a(1,y=2,x=3)

11. 针对以下代码，选项错误的是（ ）。

```
>>>def a(x,y=0,z=0):
Pass
```

A. a(2,3,4)
B. a(2,3)
C. a(2,,3)
D. a(1)

12. 以下代码执行后的结果是（ ）。

```
>>> def xh(x,y):
x,y=y,x
return(x,y)
>>> m=34
>>> n=67
>>> m,n=xh(m,n)
>>> print(m，n)
```

A. 67 34
B. 67,34
C. 67 67
D. 34 34

13. 以下关于递归的描述错误的是（ ）。

A. 递归一定要有基例

B. 递归书写简单

C. 再复杂的算法，基例都只能有一个

D. 递归只是从形式上、逻辑上比较简单而已

14. 以下关于递归的描述错误的是（ ）。

A. 计算机领域中的递归原理与数学领域的递归原理相通

B. 递归算法简单、易懂、易编写，执行效率也高

C. 函数既可以被其他函数调用，也可以被自身调用

D. 递归程序都可以有非递归编写方法

15. 以下选项描述错误的是（ ）。

A. 对于列表这样的组合类型数据而言，如果局部变量与全局变量具有相同的名字，那么该局部变量就会在自己的作用域内执行相关操作

B. 在函数体中，global 可定义全局变量并改变参数的值，若参数是列表等组合类型的数据，则不改变原参数的值；若参数是整数类型数据，则改变原来参数的值

C. 针对列表数据类型，可以直接使用全局列表而不需要事先用 global 保留字声明

D. 对于列表等组合数据类型，由于其自身拥有多个数据，因此它们在函数使用中有创建和引用的区别

16. 以下选项描述错误的是（ ）。

A. 如果用户定义一个局部变量，其作用域就是从定义的位置开始的，在此之前定义的内容无法访问

B. 如果用户定义两个不同的函数，它们的变量名都是 f，那么这两个变量的作用域

仅在各自函数内部起作用，互不干扰

C. 局部变量在函数退出时变量的值依然存在，继续起作用

D. 在定义函数时，如果有些参数存在默认值，即可在定义函数时直接为这些参数指定默认值

17. 以下选项描述错误的是（　）。

A. m= lambda x,y:x+y 执行后，m 的类型是数字类型

B. def x(a,b=32) 这个语句是正确的

C. def y(m,*n) 这个语句是正确的

D. 函数是一段具有特定功能的、可重用的语句组

18. 以下选项描述不正确的是（　）。

A. 全局变量一般没有缩进

B. 全局变量在程序执行的全过程有效

C. 局部变量指在函数内部使用的变量，当函数退出时，变量依然存在，下次函数调用可以继续使用

D. 使用 global 保留字声明简单数据类型变量后，该变量可以等同于全局变量被用户使用

19. 以下关于变量的作用域，描述不正确的选项是（　）。

A. 不同作用域两个变量的名字尽量不要相同，否则容易出错

B. 变量作用域分为全局变量和局部变量两种

C. 每个函数定义的变量只能在一定范围内起作用

D. 无论是局部变量还是全局变量，其作用域范围都是从定义的位置开始的

20. 以下关于可选参数的传递说法，正确的描述是（　）。

A. 函数调用时需要按顺序输入参数，参数的数量必须确定

B. 函数调用时，有些参数的数量是确定的，有些参数的数量是无法确定的

C. 系统将不确定个数的参数定义为非可选参数

D. 可选参数可在前面加“*”定义，可选参数与非可选参数的先后顺序没有统一规定

21. 关于值传递方式，以下描述不正确的是（　）。

A. 值传递是实现参数之间传递的重要方式之一

B. 采用值传递方式，充分体现函数单向传递的规则

C. 采用值传递方式，先为实参分配内存单元，并将形参的值复制到实参

D. 采用值传递方式，函数调用结束后，释放形参所占用的内存单元，值也随之消失

22. 关于形参和实参的描述，以下选项正确的是（　）。

A. 函数定义中的参数列表里面的参数是实际参数，简称实参

B. 参数列表中给出要传入函数内部的参数，这类参数称为形式参数，简称形参

C. 程序在调用时，将实参复制给函数的形参

D. 程序在调用时，将形参复制给函数的实参

23. 以下说法不正确的选项是（　）。

A.　lambda()函数又称匿名函数，是指没有函数名的函数

B.　lambda()函数是一种特殊函数，常用在临时需要一个类似函数功能但不想定义函数的场合

C.　lambda()函数只能使用保留字 lambda 来定义

D.　可将 lambda()函数名作为函数结果返回

24. 以下说法不正确的选项是（　　）。

A.　实参个数多于 1 个，各参数之间用“,”分隔

B.　如果是无参数函数，调用时实参不需要指定，但是“()”不能缺少

C.　实参与形参在个数、类型、顺序上必须一一对应

D.　实参可以是变量、常量，但不能是未经计算的表达式

25. 以下说法正确的选项是（　　）。

A.　用户自定义的函数功能不能与系统已经设定的某些函数功能雷同

B.　函数定义后只有被调用才能令其发挥作用

C.　函数被调用时传递的参数称为形式参数

D.　如果是无参数函数，调用时实参也需要说明或指定

26. 以下说法不正确的选项是（　　）。

A.　Python 语言不允许定义函数体为空的函数

B.　如果自定义的函数功能还没想好可用 pass 语句占位

C.　pass 语句不执行任何功能，只是用来作为占位符

D.　系统允许输入这两条语句：def empyt(): pass

27. 以下说法不正确的选项是（　　）。

A.　return 语句可有可无，可以在函数体任意位置出现

B.　return 语句表示函数执行到此结束

C.　如果函数没有 return 语句，函数返回值为 False

D.　如果有 return 语句，返回值类型与 return 语句返回表达式的类型要一致

28. 下面关于函数定义的说法正确的选项是（　　）。

A.　函数体主要用来定义该函数的功能

B.　函数体与 del 保留字必须保持一定的空格缩进

C.　定义的函数名可以采用保留字

D.　编写相似功能模块代码时，可以采用复制代码的方式，这样可以提高编写效率

29. 下面关于函数定义的说法正确的选项是（　　）。

A.　定义函数时，如果该函数不需要返回值，可以在自定义的函数名后面省略一对小括号

B.　函数的参数可以不用指定类型，其个数可以是零个，也可以是一个或更多

C.　定义的函数如果存在多个参数，各参数之间用一个空格分隔

D.　定义函数时，存放参数括号后面的冒号“:”可以默认

30. 关于函数定义的说法，不正确的选项是（　　）。

A. 用户可以根据需要自行定义函数

B. 函数就像一个"黑盒子"，用户不需要了解内部原理，需要的时候能够正确使用就行

C. 用户自定义函数时，需要声明返回值类型

D. 针对较大的项目，可以把大任务分解成小任务，每个小任务又拆分成能完成某个独立功能的函数

31. 以下关于函数的描述，不正确的选项是（　　）。

A. 使用函数可以降低编程的复杂度

B. 提高程序的运行速度

C. 实现代码的重复使用

D. 增强代码的可读性

二、填空题

1. 实参与形参在个数、类型、顺序上必须_________。

2. 变量作用域分为_________变量和_________变量两种。

3. 函数调用时需要按顺序输入参数，有些参数的数量无法确定，可以通过在这些参数前面加_________符号表示不确定的参数

4. 函数被调用时传递的参数叫作_________。

5. 可以使用保留字_________定义空函数。

6. 已知 g = lambda x, y=3, z=5: x+y+z，那么表达式 g(2)的值为_________。

7. 在函数内部可以通过保留字_________定义全局变量。

8. 已知 m= lambda x: 50*4，那么表达式 m(3)的值为_________。

9. 表达式 sorted(['abc', 'acd', 'ade'], key=lambda x:(x[0],x[2]))的值为_________。

10. 编写一个函数 is_prime(n)，判断输入的整数 n 是否是素数。如果是素数则返回 True，否则返回 False。

11. 编写函数 average(nums)，接收一个数字列表 nums，返回所有元素的平均值。要求使用函数内置的 sum()和 len()。

12. 编写函数 count_words(sentence)，统计字符串中每个单词出现的次数，返回字典。忽略大小写和标点符号。

13. 编写函数 second_largest(nums)，返回列表中第二大的数字。要求不能使用 sorted()或 max()直接求两次最大值。

第 7 章

标准库

Python 标准库章节涵盖了多个强大的库，其中 math 库提供了丰富的数学函数，如三角函数、对数函数等；random 库用于生成各种类型的随机数，满足算法实现的多种需求；turtle 库是入门级的图形绘制函数库，通过控制一只虚拟海龟在画布上游走来绘制图形；time 库专注于时间相关的操作，如获取当前时间、格式化时间等；datetime 库则提供了更强大的日期和时间处理功能，包括日期和时间的表示、计算、格式化和解析等。本章思维导图如图 7-1 所示。

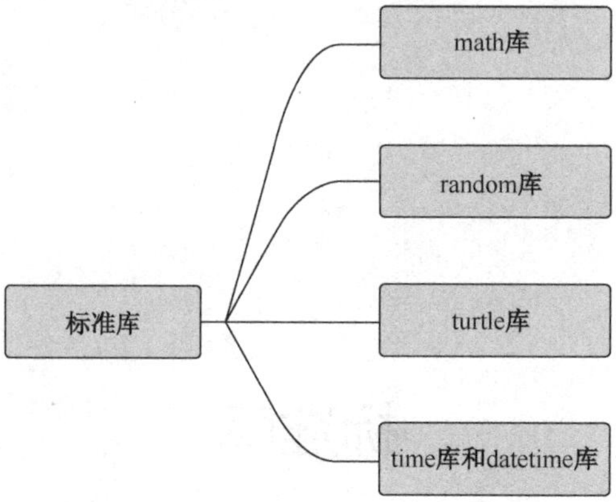

图 7-1　本章思维导图

7.1　math 库

7.1.1　导入 math 库

标准库中的函数不能直接使用，需要使用保留字 import 引入才能使用。

（1）导入整个 math 库：import math。

（2）导入 math 库中的某个或者某几个函数：from math import 函数名 1,函数名 2。

（3）导入 math 库中的全部函数：from math import *。

7.1.2　数学常数

数学常数及其对应的数学表示和描述如表 7-1 所示。

表 7-1　数学常数及其对应的数学表示和描述

常　数	数学表示	描　述
math.pi	π	圆周率，值为 3.1415926
math.e	e	自然对数的底数，2.71828
math.tau	τ	等于 2π，6.28318
math.inf	∞	正无穷大，负无穷大–math.inf
math.nan	数学表示	非浮点数标记，NaN（Not a Number）

7.1.3 数学函数

1. 幂与对数函数

幂与对数函数及其描述如表 7-2 所示。

表 7-2 幂与对数函数及其描述

函　数	描　述
math.pow(x, y)	返回 x 的 y 次幂
math.pow(x, y)	返回 e 的 x 次幂（浮点数）
math.log(x[, base])	返回 x 的对数，base 参数可选，默认是 e（自然对数）
math.log10(x)	回 x 的以 10 为底的对数
math.log2(x)	返回 x 的以 2 为底的对数
math.sqrt(x)	返回 x 的平方根
math.pow(x, y)	返回 x 的 y 次幂

参考代码：

```
import math
print(math.pow(2, 3))            #输出: 8.0
print(math.exp(1))               #输出: 2.718281828459045（因为 e^1 = e）
print(math.log(math.e))          #输出: 1.0（因为 e 的自然对数是 1）
print(math.log10(100))           #输出: 2.0（因为 100 的以 10 为底的对数是 2）
print(math.sqrt(16))             #输出: 4.0（因为 4 的平方是 16）
```

运行结果：

```
8.0
2.718281828459045
1.0
2.0
4.0
```

2. 三角函数

三角函数及其描述如表 7-3 所示。

表 7-3 三角函数及其描述

函　数	描　述
math.sin(x)	返回 x 的正弦值，x 是弧度
math.cos(x)	返回 x 的余弦值，x 是弧度
math.tan(x)	返回 x 的正切值，x 是弧度
math.asin(x)	返回 x 的反正弦值，返回值是弧度
math.acos(x)	返回 x 的反余弦值，返回值是弧度
math.atan(x)	返回 x 的反正切值，返回值是弧度
math.hypot(x, y)	返回欧几里得范数 sqrt(xx + yy)，直角三角形斜边的长度
math.degrees(x)	将弧度 x 转换为角度
math.radians(x)	将角度 x 转换为 math.degrees(x)弧度

参考代码：

```
angle = math.pi / 2                    #90 度
print(math.sin(angle))                 #输出: 1.0
print(math.cos(angle))                 #输出: 0.0（因为 90 度的余弦值是 0）
print(math.degrees(math.pi))           #输出: 180.0（因为 π 弧度等于 180 度）
```

运行结果：

```
90 度
1.0
0.0
180.0
```

3. 取整与舍入

取整与舍入函数及其描述如表 7-4 所示。

表 7-4　取整与舍入函数及其描述

函　数	描　述
math.ceil(x)	返回大于等于 x 的最小整数（向上取整）
math.floor(x)	返回小于等于 x 的最大整数（向下取整）
math.trunc(x)	返回 x 的整数部分，去除小数部分（截断）
math.round(x[, n])	返回 x 四舍五入到 n 位小数，n 可选

参考代码：

```
print(math.ceil(4.2))                  #输出: 5
print(math.floor(4.8))                 #输出: 4
print(math.trunc(4.567))               #输出: 4
print(math.round(4.567, 2))            #输出: 4.57
```

运行结果：

```
5
4
4
4.57
```

4. 其他常用函数

其他常用数学函数及其描述如表 7-5 所示。

表 7-5　其他常用数学函数及其描述

函　数	描　述
math.fabs(x)	返回 x 的绝对值
math.factorial(x)	返回 x 的阶乘，x 必须是非负整数
math.gcd(a, b)	返回 a 和 b 的最大公约数（Python 3.9 及更高版本）
math.isfinite(x)	如果 x 既不是无穷大也不是 NaN，则返回 True
math.isinf(x)	如果 x 是正无穷大或负无穷大，则返回 True
math.isnan(x)	如果 x 是 NaN（不是一个数字），则返回 True
math.modf(x)	返回 x 的小数部分和整数部分

续表

函　数	描　述
math.frexp(x)	返回 x 的尾数和指数，使得 x = mantissa * 2**exponent
math.ldexp(x, i)	返回 x * (2**i)
math.copysign(x, y)	返回 x 的绝对值，但符号与 y 相同

参考代码：

```
print(math.fabs(-3.5))                  #输出: 3.5
print(math.factorial(5))                #输出: 120
print(math.gcd(8, 12))                  #输出: 4（Python 3.9+）
print(math.modf(4.567))                 #输出: (0.5670000000000004, 4)
```

运行结果：

```
3.5
120
4
(0.5670000000000004, 4)
```

5. 高级数学函数

高级数学函数及其描述如表 7-6 所示。

表 7-6　高级数学函数及其描述

函　数	描　述
math.erf(x)	返回 x 处的误差函数值
math.erfc(x)	返回 x 处的互补误差函数值
math.gamma(x)	返回 x 处的伽马函数值
math.lgamma(x)	返回伽马函数在 x 处的自然对数
math.isqrt(x)	返回 x 的整数平方根

参考代码：

```
print(math.gamma(5))                    #因为 4! = 24，而伽玛函数在整数点上的值与阶乘相同
```

运行结果：

```
24.0
```

6. 实际应用示例

（1）计算圆的面积和周长。

参考代码：

```
import math
radius =
 5
area = math.pi * math.pow(radius, 2)
circumference =
 2 * math.pi * radius
print(f"圆的面积: {area:.2f}")
print(f"圆的周长: {circumference:.2f}")
```

运行结果：

```
圆的面积: 78.54
圆的周长: 31.42
```

（2）计算复利。

参考代码：

```
import math
principal = 1000                        #本金
rate = 0.05                             #年利率
time = 3                                #年数
amount = principal * math.pow(1 + rate, time)
print(f"复利计算后的金额: {amount:.2f}")
```

运行结果：

```
复利计算后的金额: 1157.63
```

7.2 random 库

Python 的 random 库是一个用于生成随机数的标准库。它提供了多种生成随机数的方法，包括整数、浮点数，以及从特定范围内选择的随机元素等。这个库在模拟、游戏开发、测试、数据加密及需要随机性的任何应用中都非常有用。

7.2.1 相关函数

random 库的主要功能包括生成随机整数、随机浮点数、随机选择序列中的元素、随机排列序列及生成随机样本等。

1. 生成随机整数

random.randint(a, b): 生成一个范围在[a, b]之间的随机整数。

random.randrange(start, stop[, step]): 生成一个范围在[start, stop)之间，步长为 step 的随机整数。默认的步长为 1。

参考代码：

```
import random
print(random.randint(1, 10))            #输出 1 到 10 之间的随机整数
print(random.randrange(0, 100, 5))      #输出 0 到 99 之间，能被 5 整除的随机整数
```

运行结果：

```
6
88
```

2. 生成随机浮点数

random.random(): 生成一个范围在[0.0, 1.0)之间的随机浮点数。

random.uniform(a, b): 生成一个范围在[a, b]之间的随机浮点数。

参考代码：

```
import random
```

```
print(random.random())                  #输出 0 到 1 之间的随机浮点数
print(random.uniform(1.5, 10.5))        #输出 1.5 到 10.5 之间的随机浮点数
```

运行结果：

```
0.3
2.1
```

3. 随机选择序列中的元素

random.choice(seq)：从序列 seq 中随机选择一个元素。

random.choices(population, weights=None, *, cum_weights=None, k=1)：从 population 中随机选择 *k* 个元素，可以指定每个元素的权重，元素也可以重复选择。

参考代码：

```
import random
fruits = ['apple', 'banana', 'cherry']
print(random.choice(fruits))            #从 fruits 列表中随机选择一个水果
print(random.choices(fruits, k=3))      #从 fruits 列表中随机选择 3 个水果（可以重复选择）
```

运行结果：

```
banana
['apple', 'cherry', 'apple']
```

4. 打乱序列排序

random.shuffle(list)：将列表 list 的元素随机打乱。

参考代码：

```
import random
numbers = [1, 2, 3, 4, 5]
random.shuffle(numbers) #打乱 numbers 列表的顺序
print(numbers)
```

运行结果：

```
[2, 1, 4, 5, 3]
```

5. 随机选择多个不重复元素

random.sample(population, k)：从 population 中随机选择 *k* 个不重复的元素。

参考代码：

```
import random
numbers = [1, 2, 3, 4, 5]
print(random.sample(numbers, 3)) #从 numbers 列表中随机选择 3 个不重复的数字
```

运行结果：

```
[1, 3, 4]
```

6. 生成特定位数随机数

random.getrandbits(k)：用于生成具有指定位数 *k* 的随机整数。返回[0, 2**k)之间的整数，其中 *k* 必须是一个非负整数。

参考代码：

```
import random
#生成一个具有 10 位的随机整数
random_int = random.getrandbits(10)          #生成一个[0,1024）之间的随机整数
print(random_int)
```

运行结果：

```
656
```

7. 种子函数 seed()

seed()函数主要用于初始化随机数生成器的种子。seed()为随机数生成器设置一个特定的种子值后，即可确保每次运行代码时生成的随机数序列相同。在科学计算和模拟实验中常常需要重现结果，这个时候可以使用 seed()函数。

参考代码：

```
import random
                                        #设置随机数生成器的种子
random.seed(42)
#生成随机数
print(random.random())                  #每次运行都会输出相同的数
print(random.randint(1, 10))            #每次运行都会输出相同的数
```

运行结果：

```
0.6394267984578837
1
```

7.2.2 实际应用

人和计算机的猜拳游戏是一款富有挑战性的互动游戏。在这个游戏中，玩家将与计算机进行对决，双方各自选择“石头”、“剪刀”或“布”，只能选择其中一个。游戏的规则遵循传统的猜拳规则，即石头能击败剪刀，剪刀能击败布，布能击败石头。计算机的选择是随机生成的，这大大增加了游戏的不确定性。玩家需要凭借自己的直觉和策略来预测并击败计算机，以此赢得比赛的胜利。游戏结束后，玩家还可以选择是否再玩一次，以享受无尽的猜拳乐趣。

参考代码：

```
import random
def get_computer_choice():
    #计算机随机选择石头、剪刀、布
    choices = ['石头', '剪刀', '布']
    return random.choice(choices)


def get_user_choice():
    #用户输入选择
    user_input = input("请输入你的选择（石头、剪刀、布）：")
    while user_input not in ['石头', '剪刀', '布']:
        print("无效输入，请重新输入。")
        user_input = input("请输入你的选择（石头、剪刀、布）：")
    return user_input


def determine_winner(user_choice, computer_choice):
```

```
    #判断胜负
    if user_choice == computer_choice:
        return "平局！"
    elif (user_choice == "石头" and computer_choice == "剪刀") or \
            (user_choice == "剪刀" and computer_choice == "布") or \
            (user_choice == "布" and computer_choice == "石头"):
        return "你赢了！"
    else:
        return "你输了！"


def play_game():
    print("欢迎来到猜拳游戏！")

    while True:
        user_choice = get_user_choice()
        computer_choice = get_computer_choice()

        print(f"你选择了：{user_choice}")
        print(f"计算机选择了：{computer_choice}")

        result = determine_winner(user_choice, computer_choice)
        print(result)

        play_again = input("你想再玩一次吗？(y/n)：")
        if play_again.lower() != 'y':
            break

    print("游戏结束，感谢你的参与！")
```

运行结果：

```
欢迎来到猜拳游戏！
请输入你的选择（石头、剪刀、布）：石头
你选择了：石头
计算机选择了：剪刀
你赢了！
你想再玩一次吗？（y/n）：n
游戏结束，感谢你的参与！
```

注意事项如下：

（1）不要使用 random 库进行加密：random 库生成的随机数是伪随机数，对于加密应用来说不够安全。

（2）避免重复种子：如果多次使用相同的种子初始化随机数生成器，将会生成相同的随机数序列。

（3）使用 random.sample 避免重复：当需要从序列中随机选择不重复的元素时，应该使用 random.sample 而不是多次调用 random.choice 并检查重复。

（4）测试随机性：对于关键应用，应该对生成的随机数进行统计测试，以确保其满足所需的随机性标准。

7.3 turtle 库

7.3.1 基本概念

Python 的 turtle 库是一个标准库，用于控制画笔（海龟）在屏幕上的移动、绘图、设置属性等。画笔有位置和方向两个关键要素，位置决定了画笔当前在屏幕上的哪个点，方向则决定了画笔下一步将朝哪个方向移动。

turtle 库使用二维坐标系来确定海龟的位置。坐标系的原点(0,0)通常位于屏幕的中心，向右为 x 轴的正方向，向上为 y 轴的正方向。

画笔的方向通常用一个角度来表示，这个角度是画笔头部指向的方向与 x 轴正方向之间的夹角。默认情况下，画笔的初始方向是向东（x 轴正方向）。

7.3.2 相关函数

1. 画笔移动函数

画笔移动函数及其描述如表 7-7 所示。

表 7-7 画笔移动函数及其描述

函　数	描　述
forward(distance)	画笔向前移动 distance 的像素距离
backward(distance)	画笔向后移动 distance 的像素距离
right(angle)	画笔向右转动 angle 角度
left(angle)	画笔向左转动 angle 角度
goto(*x*, *y*)	将画笔移动到指定的位置(x, y)
setpos(*x*, *y*)	与 goto(x, y)相同
home()	将画笔移回原点(0,0)，并设置其方向为正东方向

2. 画笔方向函数

画笔方向函数及其描述如表 7-8 所示。

表 7-8 画笔方向函数及其描述

函　数	描　述
heading()	返回画笔当前的方向（以度为单位）
seth(angle)或 setheading(angle))	设置画笔的新方向（以度为单位）

注：seth()函数的角度以正东方向为基准，0 度表示向东，90 度表示向北，依此类推。

参考代码：

```
import turtle

                                    #一个画笔对象
```

```
t = turtle.turtle()
                                  #画笔向前移动 100 像素（默认方向是向东）
t.forward(100)
                                  #画笔向后移动 150 像素（方向依然向东）
t.backward(150)
                                  #画笔移动到(150,0)的位置（方向依然向东）
t.goto(150,0)
                                  #设置海龟的方向为向北（90 度）
t.seth(90)
                                  #再次让海龟向前移动 100 像素（向北移动）
t.forward(150)

                                  #设置海龟的方向为向西（180 度）
t.seth(180)
                                  #再次让海龟向前移动 100 像素（向西移动）
t.forward(150)
                                  #设置海龟的方向为向南（270 度）
t.seth(270)
                                  #再次让海龟向前移动 100 像素（向南移动）
t.forward(150)
turtle.done()
```

运行结果如图 7-2 所示。

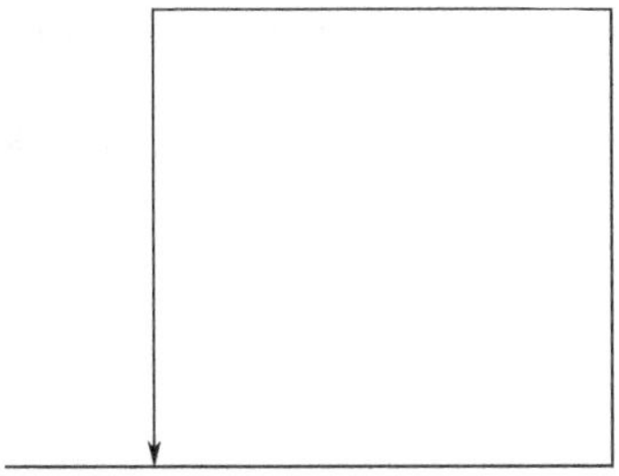

图 7-2　画笔方向函数运行结果

3. 画笔状态函数

画笔状态函数及其描述如表 7-9 所示。

表 7-9　画笔状态函数及其描述

函　数	描　述
pendown()	放下画笔，使画笔移动时能够绘图
penup()	抬起画笔，使画笔移动时不绘图
showturtle()	显示画笔
hideturtle()	隐藏画笔

注：pendown()和 penup() 通常用于在绘图过程中暂时停止绘图或开始绘图。

4. 画笔属性函数

画笔属性函数及其描述如表 7-10 所示。

表 7-10　画笔属性函数及其描述

函　数	描　述
pensize(width)	设置画笔的粗细
pencolor(color)	设置画笔的颜色
fillcolor(color)	设置填充颜色
begin_fill()	开始填充图形
end_fill()	结束填充图形

参考代码：

```
import turtle
                                        #创建一个画笔对象
t = turtle.turtle()

                                        #设置画笔粗细和颜色
t.pensize(5)                            #设置画笔粗细为 5
t.pencolor('blue')                      #设置画笔颜色为蓝色

                                        #开始绘图
t.pendown()                             #放下画笔
t.forward(100)                          #向前绘制 100 像素
t.right(90)                             #向右转 90 度
t.forward(100)                          #再向前绘制 100 像素，形成一个直角

                                        #抬起画笔并移动海龟而不绘图
t.penup()
t.goto(0, -50)                          #移动到(0, -50)但不绘图

                                        #放下画笔继续绘图
t.pendown()
t.forward(50)                           #向前绘制 50 像素

                                        #填充颜色
t.fillcolor('red')                      #设置填充颜色为红色
t.begin_fill()                          #开始填充
for _ in range(4):                      #绘制一个正方形
    t.forward(100)
    t.right(90)
t.end_fill()                            #结束填充

turtle.done()
```

运行结果如图 7-3 所示。

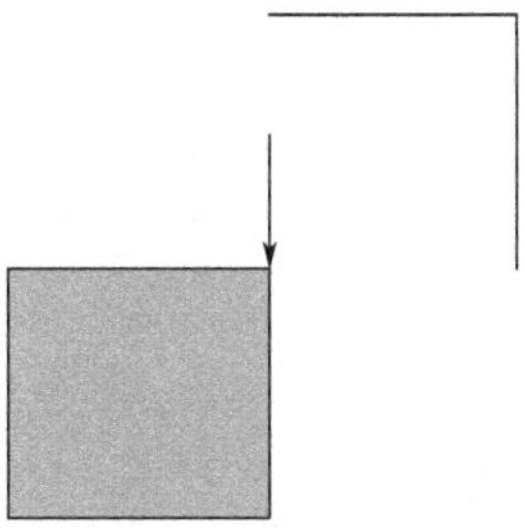

图 7-3 画笔属性函数运行结果

5. 屏幕控制函数

屏幕控制函数及其描述如表 7-11 所示。

表 7-11 屏幕控制函数及其描述

函 数	描 述
bgcolor(color)	设置背景颜色
title(title)	设置窗口的标题
bye()	关闭 turtle 窗口（等同于单击窗口的关闭按钮）
done()	完成绘图并保持窗口打开，直到用户手动关闭它

参考代码：

```
import turtle
                                         #设置屏幕背景颜色
screen = turtle.Screen()
screen.bgcolor('gray')
                                         #创建一个画笔对象并设置标题
t = turtle.turtle()
screen.title('我的画笔')
                                         #隐藏画笔
t.hideturtle()
                                         #显示画笔并绘图
t.showturtle()
t.forward(100)
                                         #在某个特定时刻关闭窗口，一般很少使用。
                                         #screen.bye()
                                         #完成绘图并保持窗口打开
turtle.done()
```

运行结果如图 7-4 所示。

图 7-4　屏幕控制函数运行结果

6. 其他函数

其他函数及其描述如表 7-12 所示。

表 7-12　其他函数及其描述

函　数	描　述
circle(radius, extent=None, steps=None)	绘制一个圆或圆弧，radius 是半径，extent 是圆弧的度数（可选），steps 是绘制圆弧时使用的步数（可选）
dot(size, color)	绘制一个点，size 是点的大小，color 是点的颜色
stamp()	在当前位置留下画笔形状的"印记"
clear()	清除屏幕上的所有图形，但保留画笔的状态和位置
reset()	清除屏幕上的所有图形，并重置画笔的状态和位置到初始状态

注意事项如下：

（1）使用完 turtle 库后，调用 done()函数来保持窗口打开，以便查看绘图结果。

（2）turtle 库创建的默认窗口大小可能不适合所有显示器，这时可以使用 screen.setup(width, height)方法来调整窗口大小。

（3）在程序结束时，turtle 库会自动关闭窗口，但如果在交互式环境中使用 turtle 库（Jupyter Notebook），需要手动关闭窗口或调用 turtle.bye()方法来关闭所有窗口。

（4）turtle 库本身不直接支持保存为常见图像格式。如果需要保存图像，就使用其他方法或工具。

7.4　time 库和 datetime 库

7.4.1　time 库

1. time 库介绍

time 库是 Python 中的一个标准库，提供了各种与时间相关的函数。它允许获取当前时间、操作时间和日期、执行与时间相关的延迟等。time 库中的函数通常返回浮点数表示的时间戳，即从 1970 年 1 月 1 日到当前时间的秒数。

2. time 库的主要函数

time 库的主要函数及其描述如表 7-13 所示。

表 7-13 time 库的主要函数及其描述

函 数	描 述
time.time()	返回当前时间的时间戳
time.localtime(seconds)	将时间戳转换为本地时间的 struct_time 对象
time.gmtime(seconds)	将时间戳转换为 UTC 时间的 struct_time 对象
time.mktime(t)	将 struct_time 对象转换为时间戳
time.strftime(format[, t])	将 struct_time 对象格式化为字符串
time.strptime(string, format)	将字符串解析为 struct_time 对象
time.sleep(seconds)	让程序暂停指定的秒数

注：struct time 对象是一个命名元组，因此可以通过属性名来访问这些元素，而不是通过索引，如果有一个 struct_time 对象 t，可以通过 t.tm_year 来获取年份，也可以通过 t.tm_hour 来获取小时。

参考代码：

```
import time
                                        #获取当前本地时间
t = time.localtime()
print("struct_time 结构：",t)
                                        #访问 struct_time 元素
print("年份:", t.tm_year)
print("月份:", t.tm_mon)
print("日期:", t.tm_mday)
print("小时:", t.tm_hour)
print("分钟:", t.tm_min)
print("秒:", t.tm_sec)
print("一周中的第几天:", t.tm_wday)
print("一年中的第几天:", t.tm_yday)
print("是否是夏令时:", t.tm_isdst)
```

运行结果：

```
struct_tim 结构： time.struct_time(tm_year=2024, tm_mon=12, tm_mday=23, tm_hour=21, tm_min=57,
tm_sec=11, tm_wday=0, tm_yday=358, tm_isdst=0)
年份: 2024
月份: 12
日期: 23
小时: 21
分钟: 57
秒: 11
一周中的第几天: 0
```

```
一年中的第几天: 358
是否是夏令时: 0
```

3. time 库的使用

参考代码：

```
import time

                                          #获取当前时间的时间戳
current_timestamp = time.time()
print("当前时间戳:", current_timestamp)

                                          #将时间戳转换为本地时间的 struct_time 对象
local_time = time.localtime(current_timestamp)
print("本地时间:", local_time)

                                          #获取当前时间的 UTC 版本
utc_time = time.gmtime()
print("UTC 时间:", utc_time)

                                          #将 struct_time 对象转换回时间戳
timestamp_from_struct = time.mktime(local_time)
print("从 struct_time 转换回的时间戳:", timestamp_from_struct)

                                          #格式化本地时间为字符串
formatted_time = time.strftime("%Y-%m-%d %H:%M:%S", local_time)
print("格式化后的本地时间:", formatted_time)

                                          #从字符串解析时间
time_string = "2023-10-01 12:34:56"
parsed_time = time.strptime(time_string, "%Y-%m-%d %H:%M:%S")
print("解析后的时间:", parsed_time)

                                          #让程序暂停 5 秒
print("程序将暂停 5 秒...")
    time.sleep(5)
```

运行结果：

```
当前时间戳: 1735013766.1674626
本地时间: time.struct_time(tm_year=2024, tm_mon=12, tm_mday=24, tm_hour=12, tm_min=16, tm_sec=6, tm_wday=1, tm_yday=359, tm_isdst=0)
UTC 时间: time.struct_time(tm_year=2024, tm_mon=12, tm_mday=24, tm_hour=4, tm_min=16, tm_sec=6, tm_wday=1, tm_yday=359, tm_isdst=0)
从 struct_time 转换回的时间戳: 1735013766.0
格式化后的本地时间: 2024-12-24 12:16:06
解析后的时间: time.struct_time(tm_year=2023, tm_mon=10, tm_mday=1, tm_hour=12, tm_min=34,
```

```
tm_sec=56, tm_wday=6, tm_yday=274, tm_isdst=-1)
程序将暂停 5 秒...
```

7.4.2　datetime 库

1. datetime 库介绍

datetime 库基于 time 库进行了封装，提供了更多实用的对象或函数。它提供了更为强大的日期和时间处理能力。它包含了 date、time、datetime、timedelta 及 tzinfo 等类，这些类可以用来表示日期和时间，以及它们之间的差值和时区信息。

2. datetime 库的主要函数

datetime 库的主要函数及其描述如表 7-14 所示。

表 7-14　datetime 库的主要函数及其描述

函　数	描　述
time.time()	返回当前时间的时间戳
time.localtime()	将时间戳转换为本地时间的 struct_time 对象
time.gmtime()	将 struct_time 对象格式化为字符串
time.strftime()	将字符串解析为 struct_time 对象
time.sleep()	让程序暂停指定的秒数

3. datetime 库的使用

datetime 是 Python 标准库中的一个模块，提供了丰富的日期和时间处理功能。这个模块包含了多个类和方法，使得处理和格式化日期和时间变得非常方便。以下是一些常用的类和方法。

（1）datetime 类：表示日期和时间。

参考代码：

```
from datetime import datetime
                                    #当前日期和时间
now = datetime.now()
print(now)
                                    #指定日期和时间
dt = datetime(2023, 10, 1, 12, 30, 45)
print(dt)
```

运行结果：

```
2024-12-24 12:29:06.168515
2023-10-01 12:30:45
```

（2）date 类：表示日期（年、月、日）。

参考代码：

```
from datetime import date

                                    #当前日期
today = date.today()
```

```
print(today)

                                  #指定日期
d = date(2023, 10, 1)
print(d)
```

运行结果：

```
2024-12-24
2023-10-01
```

（3）time 类：表示时间（时、分、秒）。

参考代码：

```
from datetime import time
                                  #指定时间
t = time(12, 30, 45)
print(t)
```

运行结果：

```
12:30:45
```

（4）timedelta 类：表示两个日期或时间之间的差异。

参考代码：

```
from datetime import datetime, timedelta
                                  #当前时间
now = datetime.now()
print("Now:", now)

                                  #10 天后的时间
ten_days_later = now + timedelta(days=10)
print("10 Days Later:", ten_days_later)

                                  #2 小时 30 分钟前的时间
two_hours_ago = now - timedelta(hours=2, minutes=30)
print("2 Hours and 30 Minutes Ago:", two_hours_ago)
```

运行结果：

```
Now: 2024-12-24 12:51:58.656279
10 Days Later: 2025-01-03 12:51:58.656279
2 Hours and 30 Minutes Ago: 2024-12-24 10:21:58.656279
```

（5）timezone 类：表示时区信息。

参考代码：

```
from datetime import datetime, timezone, timedelta

                                  #UTC 时间
utc_now = datetime.now(timezone.utc)
print("UTC Now:", utc_now)

                                  #转换为北京时间（UTC+8）
beijing_now = utc_now.astimezone(timezone(timedelta(hours=8)))
print("Beijing Now:", beijing_now)
```

运行结果：

```
UTC Now: 2024-12-24 04:54:40.025014+00:00
Beijing Now: 2024-12-24 12:54:40.025014+08:00
```

（6）格式化日期和时间：使用 strftime 方法可以将 datetime 对象格式化为字符串，而 strptime 方法可以将字符串解析为 datetime 对象。

参考代码：

```
from datetime import datetime
                                                    #当前时间
now = datetime.now()
                                                    #格式化为字符串
formatted_now = now.strftime("%Y-%m-%d %H:%M:%S")
print(formatted_now)
                                                    #解析字符串为 datetime 对象
parsed_time = datetime.strptime("2023-10-01 12:30:45", "%Y-%m-%d %H:%M:%S")
print(parsed_time)
```

运行结果：

```
2024-12-24 12:56:25
2023-10-01 12:30:45
```

（7）strftime 和 strptime 方法使用的格式代码。

strftime 和 strptime 方法函数及其描述如表 7-15 所示。

表 7-15　strftime 和 strptime 方法函数及其描述

函　数	描　述
%Y	四位数的年份（2023）
%m	两位数的月份（01 到 12）
%d	两位数的日期（01 到 31）
%H	两位数的小时（00 到 23）
%M	两位数的分钟（00 到 59）
%S	两位数的秒（00 到 59）
%f	微秒（000000 到 999999）
%a	本地简化星期名称（Mon）
%A	本地完整星期名称（Monday）
%b	本地简化月份名称（Oct）
%B	本地完整月份名称（October）
%c	本地相应的日期和时间表示
%I	两位数的小时（01 到 12）
%p	本地 AM 或 PM 的相应符

本章小结

Python 标准库中的 math 库、random 库、turtle 库、time 库和 datetime 库各具特色。

math 库为数学计算提供了丰富的函数，如三角函数、对数函数等；random 库能够生成各种随机数，满足模拟和算法需求；turtle 库是一个简单易用的图形绘制库，通过控制“海龟”移动来绘制图形，非常适合初学者；time 库专注于时间处理，提供获取当前时间、延迟执行等功能；datetime 库则提供了更全面的日期和时间处理功能，包括日期时间的创建、格式化、解析和运算等。这些库共同构成了 Python 标准库中处理数学计算、随机数生成、图形绘制及时间日期处理的核心部分。

课后习题

一、选择题

1. turtle 模块画图以（　　）为单位。

A. 厘米　　B. 像素　　C. 米　　D. 英寸

2. 下列函数中返回结果为字符串的是（　　）。

A. time.time()　　B. time.gmtime()

C. time.localtime()　　D. time.ctime()

3. time 库中能让计算机休眠的是（　　）。

A. sleep(s)　　B. time()　　C. ctime()　　D. perf_counter()

4. 以下关于 turtle 库的描述，错误的是（　　）。

A. turtle 库主要用途为图像绘制

B. turtle.penup()简写为 turtle.pu()

C. turtle.forward(d)函数的作用是向正方向移动 d

D. turtle.left(degree)函数的作用是向左移动 degree

5. 以下关于 random 库的描述，错误的是（　　）。

A. uniform(a,b) 产生一个 a 到 b 之间的随机整数

B. shuffle(sep)随机打乱序列 sep 中元素

C. randint(a,b)从 a～b 随机产生一个整数

D. andom.choice(sep)中的 sep 不能为空

6. 画笔抬起的函数是（　　）。

A. penup()　　B. pendown()　　C. pentop()　　D. pensize()

7. 画笔落下的函数是（　　）。

A. penup()　　B. pendown()　　C. pentop()　　D. pensize()

8. 画笔前进函数 forward 内的距离参数单位是（　　）。

A. 厘米　　B. 毫米　　C. 英寸　　D. 像素

9. 画布的默认原点(0,0)在画布的（　　）。

A. 左上角　　B. 右下角　　C. 中心　　D. 左下角

10. 画笔宽度设置函数是（　　）。

A. penup()　　B. pensize()　　C. setup()　　D. pencolor

11. urtle.left(30)表示相对当前方向（　　）。

A. 顺时针改变 30 度　　B. 逆时针改变 30 度
C. 顺时针改变 60 度　　D. 逆时针改变 60 度

12. turtle.fillcolor(color)表示（　　）。

A. 绘制图形的边框颜色　　B. 画布颜色
C. 画笔颜色　　D. 绘制图形的填充颜色

13. 设置画笔为红色的命令是（　　）。

A. t.pencolor('红色')　　B. t.pencolor(红色)
C. t.pencolor(red)　　D. t.pencolor('red')

14. turtle.setup(600,400)表示设置画布大小为（　　）。

A. 600×400　　B. 300×200　　C. 400×600　　D. 500×500

15. 绘制边长 100 的等边三角形，使用命令（　　）。

A. turtle.circle(100,100,100)　　B. turtle.circle(100,steps=4)
C. turtle.circle(−100,steps=3)　　D. turtle.circle(−100, steps=2)

16. 执行 turtle.setup(600,400)后，画布中心点的坐标为（　　）。

A. (0,0)　　B. (600,400)
C. (300,200)　　D. (200,300)

17. 在 Python 中运行以下程序产生的输出结果是（　　）。

```
import time t = time.gmtime() print(time.strftime("%Y-%m-%d %H:%M:%S",t))
```

A. 系统当前的日期与时间　　B. 系统当前的日期
C. 系统当前的时间　　D. 系统出错

18. 如果当前时间是 2022 年 5 月 1 日 10 点 10 分 9 秒，则如下 Python 代码的输出结果是（　　）。

```
import time print(time.strftime("%Y=%m-%d@%H>%M>%S", time.gmtime()))
```

A. 2022=05-01@10>10>09　　B. 2022=5-1 10>10>9
C. True@True　　D. 2022=5-1@10>10>9

二、填空题

1. turtle 库有人也称之为_________。

2. turtle 绘图命令分为四种，分别是_________、_________和全局控制命令和其他命令。

3. turtle 库中的函数可用于_________。

turtle 库中使画笔向前移动的函数是_________。

4. 在 random 库中，随机数种子相同时，每次运行程序得到的随机数 _________（相同/不相同）。

5. time 库中让程序休眠的函数是_________。

6. time 库的 time.time()返回的数据类型是_________。

7. 画布尺寸设置函数是_________。

8. 画笔抬起函数是_________。

9. 画笔尺寸设置函数是_________。

10. 画笔前进函数是_________。

11. 画布的角度坐标系以_________为绝对 0 度。

12. 画布内部的距离单位是_________。

13. 隐藏画笔的 turtle 形状函数是_________。

14. 显示画笔的 turtle 形状函数是_________。

15. 画圆命令是_________。

16. 使用 time 模块的_________函数可以获取当前系统的起始点。

17. 在 time 模块中的_________属性用于判定是否使用夏令时。

18. 在 time 模块中的_________函数将字符串解析为 struct_time 对象；_________函数将 struct_time 对象格式化为字符串。

三、编程题

1. 编写一个 Python 程序，使用 math 库中的函数计算并输出一个给定正整数的平方根和立方根。

2. 编写一个 Python 程序，使用 random 库生成一个包含 5 个不重复随机整数的列表，这些整数的范围在 1 到 20 之间，并输出该列表。

3. 编写一个 Python 程序，使用 turtle 库绘制一个五角星，每个角的内角为 36 度，边长自定义。

4. 编写一个 Python 程序，使用 datetime 库获取当前日期和时间，并计算从现在开始 10 天后的日期和时间。

第 8 章

文件

本章将深入探讨 Python 中文件的使用，重点是文本文件（.txt）、二进制文件，以及如何读取、写入和处理这两种类型的文件。通过本章的学习，读者可掌握文件路径、处理文件的不同方式（一次性读取整个文件、逐行读取等），以及将数据写入文件的方式。此外，本章还介绍了异常处理机制，异常处理机制可确保程序在遇到文件相关错误时能够稳健运行。通过本章的学习，读者能够在 Python 中高效地处理文件，并为后续的项目开发打下坚实的基础。本章思维导图如图 8-1 所示。

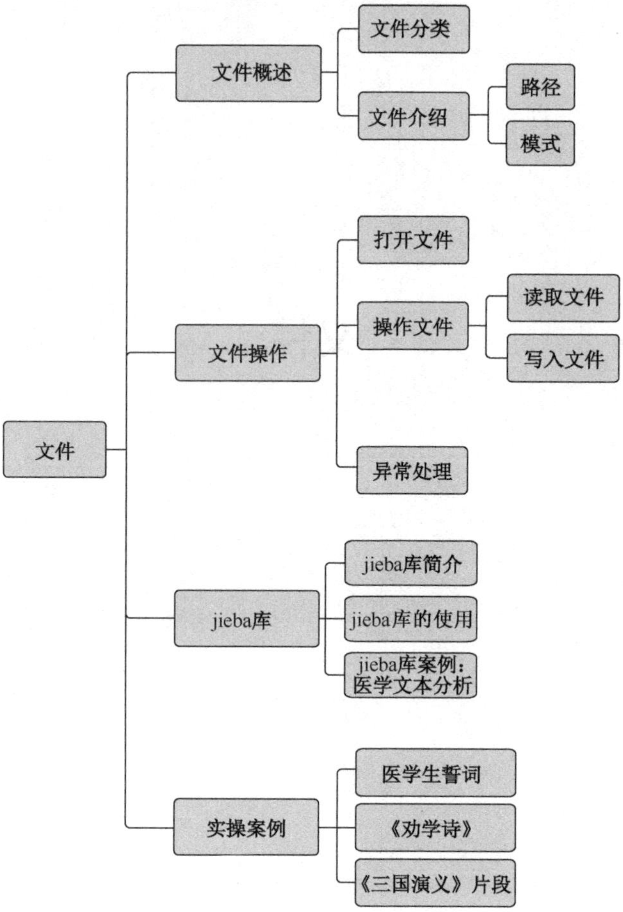

图 8-1　本章思维导图

8.1　文件概述

8.1.1　文件分类

在 Python 中，文件可以根据其用途和格式分为多种类型。本章主要关注以下两种文件类型。

文本文件（.txt）是最常见的文件类型，通常用于存储纯文本内容。文本文件可以包含任何字符，如字母、数字和符号，但不包括二进制数据。本章将使用文本文件来存储医学生誓词和其他医学知识。

二进制文件包含非文本数据，如图像、音频或视频文件。二进制文件的内容不能直接以人类可读的方式显示，必须通过特定的程序或库进行解析。本章将使用二进制文件来处理医学影像数据。

8.1.2 文件介绍

文件路径是指文件在计算机文件系统中的位置。Python 支持相对路径和绝对路径。相对路径是相对于当前工作目录的路径，而绝对路径则是从根目录开始的完整路径。

相对路径示例：data/medical_pledge.txt。

绝对路径示例：C:\Users\username\Documents\medical_pledge.txt。

当文件不在当前工作目录中时，需要提供文件的完整路径。可以使用相对路径或绝对路径。例如：

```
#使用相对路径
with open('data/medical_pledge.txt', 'r') as file:
    content = file.read()
#使用绝对路径
import os
file_path = os.path.join('C:', 'Users', 'username', 'Documents', 'medical_pledge.txt')
with open(file_path, 'r') as file:
    content = file.read()
```

文件模式：打开文件时，可以通过指定模式来控制文件的读写行为。常见的文件模式包括以下几种。

r：只读模式（默认），文件必须存在。

w：写入模式，如果文件存在则清空内容，如果不存在则创建新文件。

a：追加模式，文件指针移动到文件末尾，所有新写入的内容都将添加到文件末尾。

r+：读写模式，文件必须存在，允许读取和写入。

b：二进制模式，通常与上述模式结合使用，如 rb 表示以二进制方式读取文件，wb 表示以二进制方式写入文件。

8.2 文件操作

8.2.1 打开文件

使用 open()函数可以打开文件。该函数返回一个文件对象，后续的所有文件操作就都可以通过这个对象进行。为了确保文件在使用完毕后正确关闭，推荐使用 with 语句，它会在代码块结束时自动关闭文件。

例如：

```
                                              #使用 with 语句打开文件并自动关闭
with open('medical_pledge.txt', 'r') as file:
    content = file.read()
print(content)
如果不使用 with 语句，也可以手动关闭文件：
file = open('medical_pledge.txt', 'r')
content = file.read()
file.close()                                  #手动关闭文件
print(content)
```

8.2.2 操作文件

1. 读取文件

Python 提供了以下多种方法来读取文件内容。

read()函数可读取整个文件的内容并返回一个字符串，适用于文本文件。

例如：

```
with open('medical_pledge.txt', 'r') as file:
    content = file.read()
print(content.rstrip())                       #去除末尾的空白行
read()（二进制文件）可读取整个二进制文件的内容并返回字节对象。适用于二进制文件。
```

例如：

```
with open('medical_image.png', 'rb') as file:
     binary_content = file.read()
print(binary_content)  #输出字节对象
read(size)可读取指定数量的字节（对于二进制文件）或字符（对于文本文件）。
```

例如：

```
with open('medical_pledge.txt', 'r') as file:
    partial_content = file.read(10)  #读取前 10 字符
print(partial_content)
readline()可逐行读取文件，每次返回一行内容。适用于文本文件。
```

例如：

```
with open('medical_pledge.txt', 'r') as file:
    line = file.readline()
print(line.strip())  #去除行首和行尾的空白字符
readlines()可读取整个文件的所有行，并返回一个包含各行内容的列表。适用于文本文件。
```

例如：

```
with open('medical_pledge.txt', 'r') as file:
    lines = file.readlines()
for line in lines:
    print(line.strip())
```

2. 写入文件

写入文件时，可以使用 write()函数将字符串（对于文本文件）或字节对象（对于二进制文件）写入文件。需要注意的是，使用 w 模式会清空文件内容，因此如果只想追加内容，应使用 a 模式。

例如：

写入文本文件：

```
                                          #写入单行内容
with open('medical_knowledge.txt', 'w') as file:
    file.write("医学是一门科学，也是一门艺术。\n")
                                          #写入多行内容
with open('medical_knowledge.txt', 'w') as file:
    file.write("医学是一门科学，也是一门艺术。\n")
    file.write("医生的职责是治愈患者，减轻痛苦。\n")
                                          #追加内容到文件末尾
with open('medical_knowledge.txt', 'a') as file:
    file.write("医学生誓词是每个医学生的承诺。\n")
    file.write("我们将始终以患者的利益为重。\n")
```

写入二进制文件：

```
                                          #写入二进制数据
data = b'\x00\x01\x02\x03'                #字节对象
with open('medical_image_copy.png', 'wb') as file:
    file.write(data)
```

8.2.3　异常处理

在处理文件时，可能会遇到各种异常，如文件不存在、权限不足等。为了使程序更加健壮，学生需要学会处理这些异常。Python 提供了 try-except 语句来捕获和处理异常。

例如：

```
try:
    with open('nonexistent_file.txt', 'r') as file:
        content = file.read()
except FileNotFoundError:
    print("The file does not exist.")
else:
    print(content)
```

8.3　jieba 库

8.3.1　jieba 库简介

jieba 库是一个用于中文分词的 Python 库，广泛应用于自然语言处理（NLP）任务中。它提供了简单易用的接口来对中文文本进行分词、词性标注、关键词抽取等操作。jieba 库的设计目标是快速而准确地对中文文本进行分词，并且支持多种分词模式和自定义词典。jieba 库具有以下三个特点。

高效：jieba 库使用了前缀树结构的字典组织方式，并结合了动态规划算法，保证了分词的速度和准确性。

灵活：支持三种分词模式（精确模式、全模式、搜索引擎模式），并允许用户自定义词典，以适应不同的应用场景。

扩展性强：除了基本的分词功能，jieba 库还提供了词性标注、关键词抽取、TF-IDF 和 TextRank 算法等功能，适用于更复杂的 NLP 任务。

8.3.2 jieba 库的使用

1. 安装

可以通过 pip 来安装 jieba 库：

```
pip install jieba
```

2. 基本用法

jieba 库提供了多种分词模式，以下是常用的几种。

（1）精确模式是最常用的分词模式，它试图将句子最精确地切分成词语。适合用于文本分析等场景。

```
import jieba
text = "我爱北京天安门"
words = jieba.lcut(text)
print(words)    #输出: ['我', '爱', '北京', '天安门']
```

jieba.lcut() 返回的是一个列表，包含分词后的结果。如果不想使用列表形式，可以直接使用 jieba.cut()，它返回的是一个生成器：

```
for word in jieba.cut(text):
    print(word)
```

（2）全模式会将句子中的所有可能的词语都切分出来，适用于搜索引擎等需要召回所有可能词语的场景。

```
text = "我爱北京天安门"
words = jieba.lcut(text, cut_all=True)
print(words)    #输出: ['我', '爱', '北京', '天安门', '北京天安门']
for word in jieba.cut(text, cut_all=True):
    print(word)
```

（3）搜索引擎模式在精确模式的基础上，对长词再次切分，以提高召回率，适合用于搜索引擎等场景。

```
words = jieba.lcut_for_search(text)
print(words)    #输出: ['我', '爱', '北京', '天安门', '北京天安门']
for word in jieba.lcut_for_search (text):
    print(word)
```

3. 自定义词典

jieba 库支持用户自定义词典，这对于医学、法律等专业领域的文本处理非常有用。用户可以通过 load_userdict() 方法加载自定义词典文件，或者直接使用 add_word()函数添加单个词汇。

```
                                                    #加载自定义词典
jieba.load_userdict("medical_dict.txt")
                                                    #添加单个词汇
jieba.add_word("冠状病毒")
```

4. 词性标注

jieba 库还支持词性标注功能，可以识别出每个词语的词性（名词、动词、形容词等）。你需要先安装 jieba.posseg 模块。

```
import jieba.posseg as pseg

text = "冠状病毒是一种新型的呼吸道传染病"
words = pseg.lcut(text)

for word, flag in words:
    print(f"{word}({flag})")
```

运行结果：

```
冠状病毒(n)
是(v)
一种(m)
新型的(a)
呼吸(n)
道(n)
传染(vn)
病(n)
```

5. 关键词抽取

jieba 库提供了基于 TFIDF 和 TextRank 的关键词抽取功能，适用于从大量文本中抽取出最重要的词语。

```
import jieba.analyse

text = "冠状病毒是一种新型的呼吸道传染病，主要通过飞沫传播。"

                                        #基于 TF-IDF 的关键词抽取
keywords = jieba.analyse.extract_tags(text, topK=5)
print(keywords)                         #输出: ['冠状病毒', '新型', '呼吸道', '传染病', '飞沫']

                                        #基于 TextRank 的关键词抽取
keywords = jieba.analyse.textrank(text, topK=5)
print(keywords)                         #输出: ['冠状病毒', '新型', '呼吸道', '传染病', '飞沫']
```

8.3.3　jieba 库案例：医学文本分析

1. 案例背景

在医学领域，大量的临床报告、研究论文和患者记录都是以中文形式存在的。为了更好地理解和分析这些文本，这就需要对文本进行分词、词性标注和关键词抽取。jieba库可以高效地完成这些任务，尤其是在处理医学术语时，自定义词典的功能显得尤为重要。

2. 案例目标

jieba 库对一份医学文献进行分词、词性标注和关键词抽取后，可帮助研究人员快速了解该文献的核心内容。

3. 案例步骤

（1）准备数据。

假设有一篇关于“冠状病毒”的医学文献。

冠状病毒是一种新型的呼吸道传染病，主要通过飞沫传播。它的症状包括发热、咳嗽、乏力等。冠状病毒的传播速度较快，容易引发大规模疫情。目前，全球范围内已有多个国家和地区受到影响。

（2）加载自定义词典。

为了确保医学术语能够被正确分词，用户可以创建一个自定义词典 medical_dict.txt，内容如下：

```
冠状病毒
呼吸道
传染病
飞沫传播
发热
咳嗽
乏力
疫情
```

然后在代码中加载该词典：

```
import jieba
#加载自定义词典
jieba.load_userdict("medical_dict.txt")
```

（3）分词与词性标注。

用户可对文本进行分词和词性标注，以便更好地理解每个词语的含义。

```
import jieba.posseg as pseg
text = """
```

冠状病毒是一种新型的呼吸道传染病，主要通过飞沫传播。它的症状包括发热、咳嗽、乏力等。冠状病毒的传播速度较快，容易引发大规模疫情。目前，全球范围内已有多个国家和地区受到影响。

```
"""
#分词并标注词性
words = pseg.lcut(text)

for word, flag in words:
    print(f"{word}({flag})")
```

运行结果：

```
冠状病毒(n)
是(v)
```

```
一种(m)
新型的(a)
呼吸道(n)
传染病(n)
，(x)
主要(d)
通过(p)
飞沫传播(n)
。(x)
它(r)
的(u)
症状(n)
包括(v)
发热(n)
、(x)
咳嗽(n)
、(x)
乏力(n)
等(k)
。(x)
冠状病毒(n)
的(u)
传播(v)
速度(n)
较快(d)
，(x)
容易(d)
引发(v)
大规模(b)
疫情(n)
。(x)
目前(t)
，(x)
全球(n)
范围(n)
内(f)
已有(v)
多个(m)
国家(n)
和(c)
地区(n)
受到(v)
影响(v)
。(x)
```

（4）关键词抽取。

用户可使用 jieba 库的关键词抽取功能，找出这篇文献中最核心的几个关键词。

```
import jieba.analyse
```

```
                                                    #基于 TF-IDF 的关键词抽取
keywords_tfidf = jieba.analyse.extract_tags(text, topK=5)
print("基于 TF-IDF 的关键词：", keywords_tfidf)

                                                    #基于 TextRank 的关键词抽取
keywords_textrank = jieba.analyse.textrank(text, topK=5)
print("基于 TextRank 的关键词：", keywords_textrank)
```

运行结果：

```
基于 TF-IDF 的关键词： ['冠状病毒', '新型', '呼吸道', '传染病', '飞沫传播']
基于 TextRank 的关键词： ['冠状病毒', '新型', '呼吸道', '传染病', '飞沫传播']
```

8.4 实操案例

8.4.1 医学生誓词

1. 文本内容

健康所系，性命相托。当我步入神圣医学学府的时刻，谨庄严宣誓：

我志愿献身医学，热爱祖国，忠于人民，恪守医德，尊师守纪，刻苦钻研，孜孜不倦，精益求精，全面发展。我决心竭尽全力除人类之病痛，助健康之完美，维护医术的圣洁和荣誉。救死扶伤，不辞艰辛，执著追求，为祖国医药卫生事业的发展和人类身心健康奋斗终生。

2. 分词与词性标注

为了确保医学术语能够被正确分词，我们可以创建一个自定义词典 medical_dict.txt，内容如下：

```
医学生
医学
医德
医术
健康
病痛
救死扶伤
医药卫生
```

然后使用 jieba 库进行分词和词性标注：

```
import jieba.posseg as pseg
import jieba
                                                    #加载自定义词典
jieba.load_userdict("medical_dict.txt")

                                                    #医学生誓词文本
pledge = """
健康所系，性命相托。当我步入神圣医学学府的时刻，谨庄严宣誓：
    我志愿献身医学，热爱祖国，忠于人民，恪守医德，尊师守纪，刻苦钻研，孜孜不倦，精益求精，
全面发展。我决心竭尽全力除人类之病痛，助健康之完美，维护医术的圣洁和荣誉，救死扶伤，不辞艰
```

```
辛，执着追求，为祖国医药卫生事业的发展和人类身心健康奋斗终生。
    """

                                                          #分词并标注词性
    words = pseg.lcut(pledge)

    for word, flag in words:
        print(f"{word}({flag})")
```

3. 关键词抽取

接下来，使用 jieba 库的关键词抽取功能，找出这段誓词中最核心的几个关键词：

```
    import jieba.analyse

                                                          #基于 TF-IDF 的关键词抽取
    keywords_tfidf = jieba.analyse.extract_tags(pledge, topK=5)
    print("基于 TF-IDF 的关键词：", keywords_tfidf)

                                                          #基于 TextRank 的关键词抽取
    keywords_textrank = jieba.analyse.textrank(pledge, topK=5)
    print("基于 TextRank 的关键词：", keywords_textrank)
```

运行结果：

```
基于 TF-IDF 的关键词： ['医学生', '医德', '医术', '健康', '救死扶伤']
基于 TextRank 的关键词： ['医学生', '医德', '医术', '健康', '救死扶伤']
```

4. 案例总结

通过对医学生誓词的分词和词性标注，可以看到 jieba 库成功识别了医学领域的专业术语，如“医学生”“医德”“医术”等。关键词抽取的结果也表明，这段誓词的核心主题是医学生对责任感、医德和医术的追求，符合文本的实际内容。

8.4.2 《劝学诗》

1. 文本内容

孩儿立志出乡关，
学不成名誓不还。
埋骨何须桑梓地，
人生无处不青山。

2. 分词与词性标注

由于这首诗是古文，jieba 库默认的分词可能会不够准确。为了提高分词的准确性，用户可以手动添加一些古文词汇到自定义词典中。例如，创建一个 poem_dict.txt 文件，内容如下：

```
孩儿
乡关
学不成名
埋骨
```

```
桑梓地
青山
```

然后使用 jieba 库进行分词和词性标注：

```
                                                    #加载自定义词典
jieba.load_userdict("poem_dict.txt")

                                                    #劝学诗文本
poem = """
孩儿立志出乡关，
学不成名誓不还。
埋骨何须桑梓地，
人生无处不青山。
"""

                                                    #分词并标注词性
words = pseg.lcut(poem)

for word, flag in words:
    print(f"{word}({flag})")
```

3. **关键词抽取**

可以使用 jieba 库的关键词抽取功能，找出这首诗中最核心的几个关键词：

```
                                                    #基于 TF-IDF 的关键词抽取
keywords_tfidf = jieba.analyse.extract_tags(poem, topK=5)
print("基于 TF-IDF 的关键词：", keywords_tfidf)

                                                    #基于 TextRank 的关键词抽取
keywords_textrank = jieba.analyse.textrank(poem, topK=5)
print("基于 TextRank 的关键词：", keywords_textrank)
```

运行结果：

```
基于 TF-IDF 的关键词['田舍郎', '天子堂', '将相', '男儿', '自强']
基于 TextRank 的关键词['田舍郎', '天子堂', '将相', '男儿', '自强']
```

4. **案例总结**

劝学诗的分词和词性标注帮助 jieba 库成功识别了古文中的关键词汇。关键词抽取的结果也表明，这首诗的核心主题是鼓励人们通过努力学习，改变命运，追求更高的成就。

8.4.3 《三国演义》片段

1. **文本内容**

选择《三国演义》中的一段经典描写，描述诸葛亮初见刘备的情景：

时先主屯新野。徐庶见先主，先主器之，谓先主曰："诸葛孔明者，卧龙也，将军岂愿见之乎？"先主曰："君与俱来。"庶曰："此人可就见，不可屈致也。将军宜枉驾顾之。"

2. **分词与词性标注**

为了确保古文中的人物名称和专有名词能够被正确分词，可以创建一个

three_kingdoms_dict.txt 文件，内容如下：

```
先主
新野
徐庶
诸葛孔明
卧龙
将军
刘备
```

使用 jieba 库进行分词和词性标注：

```
                                                    #加载自定义词典
jieba.load_userdict("three_kingdoms_dict.txt")

                                                    #《三国演义》片段文本
three_kingdoms = """
时先主屯新野。徐庶见先主，先主器之，谓先主曰："诸葛孔明者，卧龙也，将军岂愿见之乎？"
先主曰："君与俱来。"庶曰："此人可就见，不可屈致也。将军宜枉驾顾之。"
"""

                                                    #分词并标注词性
words = pseg.lcut(three_kingdoms)

for word, flag in words:
    print(f"{word}({flag})")
```

3. 关键词抽取

可以使用 jieba 库的关键词抽取功能，找出这段文字中最核心的几个关键词：

```
                                                    #基于 TF-IDF 的关键词抽取
keywords_tfidf = jieba.analyse.extract_tags(three_kingdoms, topK=5)
print("基于 TF-IDF 的关键词：", keywords_tfidf)

                                                    #基于 TextRank 的关键词抽取
keywords_textrank = jieba.analyse.textrank(three_kingdoms, topK=5)
print("基于 TextRank 的关键词：", keywords_textrank)
```

运行结果：

```
基于 TF-IDF 的关键词 ['先主', '新野', '徐庶', '诸葛孔明', '卧龙']
基于 TextRank 的关键词 ['先主', '新野', '徐庶', '诸葛孔明', '卧龙']
```

4. 案例总结

《三国演义》片段的分词和词性标注帮助 jieba 成功识别了古文中的专有名词，如"先主""新野""徐庶""诸葛孔明"等。关键词抽取的结果也表明，这段文字的核心主题是徐庶向刘备推荐诸葛亮，并建议刘备亲自拜访这位隐居的智者。

本章小结

本章深入探讨了 Python 中文件的使用，重点介绍了文本文件（.txt）和二进制文件的处理方法。通过对本章的学习，读者能够掌握高效地读取、写入和操作这两种类型的文件，并为后续的项目开发打下坚实的基础。

首先，本章介绍了文件的基本概念，包括文件路径和文件模式。文件路径可以是相对路径或绝对路径，分别用于表示相对于当前工作目录或从根目录开始的文件位置。文件模式决定了文件的打开方式，如只读模式（r）、写入模式（w）、追加模式（a）及读写模式（r+）。对于二进制文件，我们还介绍了二进制模式（b），它通常与其他模式结合使用，如 rb 和 wb，以便正确处理非文本数据。

然后，本章详细讲解了文件的操作方法。为了确保文件在使用完毕后正确关闭，推荐使用 with 语句，它会在代码块结束时自动关闭文件。对于文本文件，我们学习了多种读取方法，如一次性读取整个文件（read()函数）、逐行读取（readline()函数）及将所有行存储在列表中（readlines()函数）。这些方法使得处理不同规模的文本文件变得更加灵活。此外，我们还介绍了如何使用 write()函数将字符串写入文本文件，并通过追加模式（a）避免覆盖现有内容。对于二进制文件，我们展示了如何读取和写入字节对象，适用于处理图像、音频等非文本数据。

为了使程序更加健壮，本章引入了异常处理机制。在处理文件时，可能会遇到各种异常，如文件不存在、权限不足等。通过使用 try-except 语句，我们可以捕获并处理这些异常，确保程序在遇到问题时不会崩溃，而是能够优雅地处理错误。

最后，通过三个具体的案例进一步巩固了所学知识。在医学生誓词的分词与词性标注部分，本章使用了 jieba 库来处理医学领域的专业术语，并通过自定义词典提高了分词的准确性。在劝学诗的分析部分，本章展示了如何处理古文中的专有名词。在《三国演义》片段的处理部分，本章进一步验证了 jieba 库在处理古代文学作品中的表现。

通过本章的学习，读者不仅掌握了 Python 中文件的基本操作，还学会了如何使用 jieba 库进行中文分词和文本分析。这些技能将为读者在自然语言处理、数据分析等领域提供强大的工具，帮助他们更高效地处理和理解复杂的文本数据。

课后习题

一、选择题

1. 在 Python 中，文件模式用于只读操作的是（　　）。

A. w　　B. r　　C. a　　D. rb

2. 下列方法可以用来逐行读取文本文件的是（　　）。

A. read()　　B. readline()　　C. readlines()　　D. write()

3. 如果想要以二进制方式写入文件，应该使用以下模式的是（　　）。

A. wb　　B. wr　　C. rw　　D. br

4. jieba 库的主要用途是（　　）。

A. 图像处理　　B. 中文分词　　C. 数据可视化　　D. 网络请求

5. 使用 jieba 库进行中文分词时，试图将句子最精确地切分成词语的是（　　）。

A. 全模式　　B. 搜索引擎模式　　C. 精确模式　　D. 随机模式

6. 函数用于在 Python 中打开文件的是（　　）。

A. open()　　B. fopen()　　C. file_open()　　D. start_file()

7. 在 Python 中，确保文件在使用完毕后正确关闭的是（　　）。

A. 手动调用 close()方法　　B. 使用 with 语句

C. 无须关心，Python 会自动管理　　D. A 和 B 都是正确的

8. jieba 支持关键词抽取算法的是（　　）。

A. TF-IDF　　B. KNN　　C. CNN　　D. RNN

9. 下列异常中，当尝试访问一个不存在的文件时发生的是（　　）。

A. ValueError　　B. FileNotFoundError

C. IndexError　　D. KeyError

10. 当你想要追加内容到已有文件末尾时，应使用文件模式的是（　　）。

A. r+　　B. w　　C. a　　D. x

二、填空题

1. 在 Python 中，可以通过提供相对路径或_________来指定文件的位置。

2. 使用 read(size)方法可以从文件中读取指定数量的字符或_________。

3. 在 Python 中，通过 os.path.join()函数可以构建跨平台的_________。

4. 使用 write()方法可以向文件中写入字符串（对于文本文件）或_________（对于二进制文件）。

5. jieba 库允许用户通过 load_userdict()方法加载自定义_________。

三、编程题

1. 编写一个 Python 程序，使用 readline()方法逐行读取并打印出 medical_pledge.txt 文件的内容。

2. 创建一个 Python 脚本，利用 jieba 库对给定的一段医学文献进行分词，并输出每个词语及其对应的词性。

3. 设计一个程序，实现对一个名为 medical_knowledge.txt 的文本文件进行写入操作，首先清空原有内容，然后写入一段新的医学知识。

4. 编写代码，捕获并处理尝试打开一个不存在的文件时可能抛出的 FileNotFoundError 异常。

5. 开发一个 Python 应用，该应用能够接受用户输入的一个字符串，并使用 jieba 库基于 TF-IDF 算法抽取出前 5 个关键词。

第 9 章

科学计算与数据分析

在数据科学和数据分析领域，Python 以其丰富的生态系统和强大的数据处理能力成为首选编程语言。为了更好地进行数据分析、模型训练和预测，开发者们创建了许多优秀的第三方库。本章将介绍几种关键的 Python 数据分析库，包括 NumPy、Pandas、Matplotlib、scikit-learn（简称 sklearn）、PyTorch，提供它们的基本使用教程，并通过具体案例来加深理解。本章思维导图如图 9-1 所示。

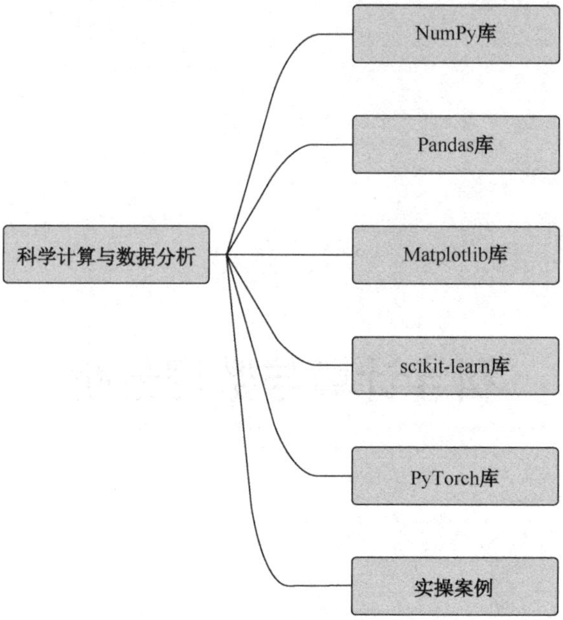

图 9-1　本章思维导图

9.1　NumPy 库

NumPy 库（Numerical Python）是 Python 进行数值计算的基础库。它提供了支持大规模、多维数组和矩阵运算的对象，以及对数组进行高效操作的广泛数学函数。NumPy 库的核心对象 ndarray 用于高效处理和运算多维数组，它支持一维、二维甚至更高维度的数组，提供大量用于数组操作、数学计算和逻辑判断的函数。

9.1.1　创建数组

1. array()函数

例如：

```
import numpy as np
>>> np.array([1, 2, 3, 4, 5])                    #把列表转换为数组
array([1, 2, 3, 4, 5])
>>> np.array((1, 2, 3, 4, 5))                    #把元组转换成数组
```

```
array([1, 2, 3, 4, 5])
>>> np.array(range(5))                    #把 range 对象转换成数组
array([0, 1, 2, 3, 4])
>>> np.array([[1, 2, 3], [4, 5, 6]])      #二维数组
array([[1, 2, 3],
       [4, 5, 6]])
```

2. 使用内置函数

内置函数及其描述如表 9-1 所示。

表 9-1 内置函数及其描述

函　数	描　述
np.empty()	创建空数组，数组元素为随机值
np.zeros()	创建指定大小的数组，数组元素以 0 填充
np.ones()	创建指定大小的数组，数组元素以 1 填充
np.identity()	创建指定大小的单位矩阵
np.diag()	创建对角矩阵
np.arange()	创建指定长度的数组
np.linspace()	创建一个由等差数列构成的一维数组
np.logspace()	创建一个对数数组
np.random.randint()	创建随机整数数组
np.random.rand()	创建随机小数数组
np.random.standard_normal()	从标准正态分布中随机产生数组

例如：

```
import numpy as np
                    #np.empty()创建空数组，只申请空间不进行初始化，数组元素为随机值
>>> np.empty((3,3),dtype=np.int16)
array([[ 8308, 29281,  8293],
       [25966, -6592,  8500],
       [  459,     0,     0]], dtype=int16)
                                                  #np.zeros()创建全 0 数组
>>> np.zeros((3,3))
array([[0., 0., 0.],
       [0., 0., 0.],
       [0., 0., 0.]])
>>> np.zeros((3,1))
array([[0.],
       [0.],
       [0.]])
                                                  #np.ones()创建全 1 数组
>>> np.ones((1,3))
array([[1., 1., 1.]])
>>> np.ones((3,3))
array([[1., 1., 1.],
       [1., 1., 1.],
```

```
            [1., 1., 1.]])
                                                #np.identity()创建单位矩阵
>>> np.identity(3)
array([[ 1.,   0.,   0.],
       [ 0.,   1.,   0.],
       [ 0.,   0.,   1.]])
>>> np.identity(2)
array([[ 1.,   0.],
       [ 0.,   1.]])
                                                #np.diag()创建对角矩阵
>>> np.diag([1,2,3])                            #对角矩阵
array([[1, 0, 0],
       [0, 2, 0],
       [0, 0, 3]])
>>> np.diag([1,2,3,4])                          #对角矩阵
array([[1, 0, 0, 0],
       [0, 2, 0, 0],
       [0, 0, 3, 0],
       [0, 0, 0, 4]])
                                                #np.arange()创建指定长度数组
>>> np.arange(8)                                #类似于内置函数 range()
array([0, 1, 2, 3, 4, 5, 6, 7])
>>> np.arange(1, 10, 2)
array([1, 3, 5, 7, 9])
                                                #np.linspace()创建等差数组、np.logspace()创建对数数组
>>> np.linspace(0, 10, 11)                               #等差数组，包含 11 个数
array([  0.,   1.,   2.,   3.,   4.,   5.,   6.,   7.,   8.,   9.,  10.])
>>> np.linspace(0, 10, 11, endpoint=False)       #不包含终点
array([ 0.         ,  0.90909091,  1.81818182,  2.72727273,  3.63636364,
        4.54545455,  5.45454545,  6.36363636,  7.27272727,  8.18181818,
        9.09090909])
>>> np.logspace(0, 100, 10)                              #对数数组
array([ 1.00000000e+000,   1.29154967e+011,   1.66810054e+022,
        2.15443469e+033,   2.78255940e+044,   3.59381366e+055,
        4.64158883e+066,   5.99484250e+077,   7.74263683e+088,
        1.00000000e+100])
>>> np.logspace(1,6,5, base=2)                           #对数数组，相当于 2 ** np.linspace(1,6,5)
array([  2.         ,   4.75682846,  11.3137085 ,  26.90868529,  64.         ])
>>> np.random.randint(0, 50, 5)
array([ 2, 29,  0, 40, 14])
>>> np.random.randint(0, 50, (3,4))
array([[28, 47, 17, 25],
       [34, 34, 28,  0],
       [19, 42, 17, 46]])
>>> np.random.rand(10)
array([0.55208642, 0.8584609 , 0.69567313, 0.54946923, 0.45925368,
       0.93666879, 0.65443658, 0.52584385, 0.4879386 , 0.05540342])
>>> np.random.standard_normal(5)
array([ 1.03870998, -1.86380744,  1.5199826 , -2.08080209, -1.16221305])
```

9.1.2　切片和索引

与 Python 列表类似，ndarray 对象的内容可以通过索引和切片进行访问和修改。布尔索引可以通过布尔运算获取符合指定条件的元素数组。花式索引是指利用整数数组进行索引，将索引数组的值作为目标数组的某个轴的下标取值。

例 9-1　使用基本索引与切片。

参考代码：

```
import numpy as np
arr = np.array([[10, 20, 30], [40, 50, 60], [70, 80, 90]])
                                                    #获取单个元素
print("元素 (0,1):", arr[0, 1])                      #输出 20

                                                    #获取一行
print("第一行:", arr[0])

                                                    #获取一列
print("第二列:", arr[:, 1])

                                                    #切片
print("前两行，前两列:\n", arr[:2, :2])
```

运行结果：

```
元素 (0,1): 20
第一行: [10 20 30]
第二列: [20 50 80]
前两行，前两列:
 [[10 20]
 [40 50]]
```

例 9-2　使用布尔索引与花式索引。

参考代码：

```
import numpy as np
arr = np.array([[10, 20, 30], [40, 50, 60], [70, 80, 90]])
                                              #布尔索引：选出大于 50 的元素
bool_idx = arr > 50
print("大于 50 的元素:\n", arr[bool_idx])

                                              #花式索引：选出特定位置的元素
indices = [0, 2]
print("花式索引选出的元素:\n", arr[indices, indices])
```

运行结果：

```
大于 50 的元素:
 [60 70 80 90]
花式索引选出的元素:
 [10 90]
```

9.1.3 NumPy 数组操作

NumPy 中包含一些函数用于处理数组，下面分别从修改数组形状、翻转数组、连接数组、数组的添加与删除方面进行介绍。

1. 修改数组形状

（1）reshape 函数。

语法：numpy.reshape(a, newshape, order='C')

reshape()函数参数说明如表 9-2 所示。

表 9-2 reshape()函数参数说明

参　数	描　述
a	输入数组
newshape	新形状，可以是整数或整数元组。–1 表示自动计算该维度的大小
order	可选，指定读取数组数据的顺序。'C'（按行）或 'F'（按列）

例 9-3 使用 reshape()函数修改数组形状。

参考代码：

```
import numpy as np
                                        #创建一个一维数组
arr = np.arange(12)
print("原始数组:", arr)

                                        #改变为二维数组 (3, 4)
reshaped_arr = arr.reshape((3, 4))
print("重塑后的二维数组:\n", reshaped_arr)

                                        #使用 -1 自动计算维度
auto_reshaped = arr.reshape((3, -1))
print("自动计算维度后的二维数组:\n", auto_reshaped)
```

运行结果：

```
原始数组: [0  1  2  3  4  5  6  7  8  9 10 11]
重塑后的二维数组:
 [[0  1  2  3]
 [4  5  6  7]
 [8  9 10 11]]
自动计算维度后的二维数组:
 [[0  1  2  3]
 [4  5  6  7]
 [8  9 10 11]]
```

（2）resize()函数。

语法：numpy.resize (a, newshape)

改变数组的形状，并可以改变数组的数据。如果新形状大小大于原数组，则新增部分循环填充。

例 9-4　使用 resize()函数修改数组形状。

参考代码：

```
import numpy as np
arr = np.array([1, 2, 3, 4, 5])
print("原始数组:", arr)

                                        #改变形状 (2, 3)，元素总数不足，会循环填充
resized_arr = np.resize(arr, (2, 3))
print("重塑后的数组:\n", resized_arr)
```

运行结果：

```
原始数组: [1 2 3 4 5]
重塑后的数组:
 [[1 2 3 4]
 [5 1 2 3]]
```

（3）flatten()函数。

语法：numpy.ndarray.flatten(order='C')

将多维数组展平成一维数组。返回一份数组复制，对复制所做的修改不会影响原始数据。'C'为行方向，'F'为列方向，'A'为任意方向（默认）。

例 9-5　使用 flatten()函数修改数组形状。

参考代码：

```
import numpy as np
arr = np.array([[1, 2], [3, 4]])
print("原始数组:\n", arr)

flattened = arr.flatten()
print("按行方向展平成一维数组:", flattened)

flattened1 = arr.flatten(order='F')
print("按列方向展平成一维数组:", flattened1)
```

运行结果：

```
原始数组:
 [[1 2]
 [3 4]]
按行方向展平成一维数组: [1 2 3 4]
按列方向展平成一维数组: [1 3 2 4]
```

（4）ravel()函数。

语法：numpy.ravel(a, order='C')

将多维数组展平成一维数组。修改返回的数组视图，会影响原始数据。'C'为行方向，'F'为列方向，'A'为任意方向（默认）。

例 9-6　使用 ravel()函数修改数组形状。

参考代码：

```
import numpy as np
arr = np.array([[5, 6], [7, 8]])
print("原始数组:\n", arr)
```

```
raveled = np.ravel(arr)
print("按行方向展平后的数组:", raveled)

raveled = np.ravel(arr,order='F')
print("按列方向展平后的数组:", raveled)
```

运行结果：

```
原始数组:
 [[5 6]
 [7 8]]
按行方向展平后的数组: [5 6 7 8]
按列方向展平后的数组: [5 7 6 8]
```

2. 翻转数组

（1）transpose()函数。

语法：numpy.transpose(a, axes=None)

转置数组，即交换数组的维度。对于二维数组，相当于矩阵的转置。axes 指定轴的顺序。

例 9-7 使用 transpose()函数对数组进行翻转。

参考代码：

```
import numpy as np
arr = np.array([[1, 2, 3], [4, 5, 6]])
print("原始数组:\n", arr)

transposed = arr.transpose()
print("转置后的数组:\n", transposed)
```

运行结果：

```
原始数组:
 [[1 2 3]
 [4 5 6]]
转置后的数组:
 [[1 4]
 [2 5]
 [3 6]]
```

（2）ndarray.T 函数。

.T 是一个属性，用于对数组进行转置操作。

例 9-8 采用.T 对数组进行转置。

参考代码：

```
import numpy as np
                                              #创建一个二维数组（矩阵）
arr = np.array([[1, 2, 3],
                [4, 5, 6]])
                                              #对矩阵进行转置
arr_transposed = arr.T
```

```
print("原始矩阵：\n", arr)
print("转置后的矩阵：\n", arr_transposed)
```

运行结果：

```
原始矩阵：
 [[1 2 3]
 [4 5 6]]
转置后的矩阵：
 [[1 4]
 [2 5]
 [3 6]]
```

（3）swapaxes()函数。

语法：numpy.swapaxes(a, axis1, axis2)

交换数组的两个指定轴。

例 9-9 使用 swapaxes()函数对数组进行翻转。

参考代码：

```
import numpy as np
arr = np.array([
    [[1, 2], [3, 4]],
    [[5, 6], [7, 8]]
])
print("原始数组形状:\n", arr)

swapped = np.swapaxes(arr, 0, 2)
print("交换轴后的形状:\n", swapped.shape)
print("交换轴后的数组:\n", swapped)

swapped1 = np.swapaxes(arr, 0,1)
print("交换轴后的形状:\n", swapped1.shape)
print("交换轴后的数组:\n", swapped1)
```

运行结果：

```
原始数组形状:
 [[[1 2]
  [3 4]]

 [[5 6]
  [7 8]]]
交换轴后的形状:
 (2, 2, 2)
交换轴后的数组:
 [[[1 5]
  [3 7]]

 [[2 6]
  [4 8]]]
交换轴后的形状:
```

```
(2, 2, 2)
交换轴后的数组:
[[[1 2]
  [5 6]]

 [[3 4]
  [7 8]]]
```

3. 连接数组

（1）concatenate()函数。

语法：numpy.concatenate((a1, a2, ...), axis=0)

沿现有轴连接两个或多个数组。axis：指定连接的轴，默认为 0，即按行连接。当 axis=None 时数组会被展平成一维后连接。

例 9-10 使用 concatenate()函数对数组进行拼接。

参考代码：

```
import numpy as np
                                                  #创建两个二维数组
a = np.array([[1, 2], [3, 4]])
b = np.array([[5, 6]])
                                                  #沿第 0 轴（按行）连接
result = np.concatenate((a, b), axis=0)
print("沿第 0 轴连接结果:\n", result)
                                                  #沿第 1 轴（按列）连接
c = np.array([[7], [8]])
result_col = np.concatenate((a, c), axis=1)
print("沿第 1 轴连接结果:\n", result_col)
```

运行结果：

```
沿第 0 轴连接结果:
 [[1 2]
 [3 4]
 [5 6]]
沿第 1 轴连接结果:
 [[1 2 7]
 [3 4 8]]
```

（2）hstack()函数。

沿水平方向（列方向）堆叠数组。效果等同于 concatenate 的 axis=1（对于二维数组）。

例 9-11 使用 hstack()函数对数组进行拼接。

参考代码：

```
import numpy as np
a = np.array([1, 2, 3])
b = np.array([4, 5, 6])
```

```
                                                    #水平堆叠一维数组，相当于连接
result = np.hstack((a, b))
print("hstack 结果:", result)

                                                    #对于二维数组
a_2d = np.array([[1, 2], [3, 4]])
b_2d = np.array([[5, 6], [7, 8]])
result_2d = np.hstack((a_2d, b_2d))
print("二维 hstack 结果:\n", result_2d)
```

运行结果：

```
hstack 结果: [1 2 3 4 5 6]
二维 hstack 结果:
 [[1 2 5 6]
```

（3）vstack()函数。

沿垂直方向（行方向）堆叠数组。效果等同于 concatenate 的 axis=0（对于二维数组）。

例 9-12 使用 vstack()函数对数组进行拼接。

参考代码：

```
import numpy as np
a = np.array([1, 2, 3])
b = np.array([4, 5, 6])

                                                    #垂直堆叠一维数组，结果为二维数组
result = np.vstack((a, b))
print("vstack 结果:\n", result)

                                                    #对于二维数组
a_2d = np.array([[1, 2], [3, 4]])
b_2d = np.array([[5, 6], [7, 8]])
result_2d = np.vstack((a_2d, b_2d))
print("二维 vstack 结果:\n", result_2d)
```

运行结果：

```
vstack 结果:
 [[1 2 3]
 [4 5 6]]
二维 vstack 结果:
 [[1 2]
 [3 4]
 [5 6]
 [7 8]]
```

（4）stack()函数。

沿新的轴连接数组。stack()函数可以指定在哪个轴进行堆叠，与 concatenate 相比更灵活。

例 9-13 使用 stack()函数对数组进行拼接。

参考代码：

```
import numpy as np
a = np.array([1, 2, 3])
b = np.array([4, 5, 6])

                                        #沿第 0 轴堆叠
result = np.stack((a, b), axis=0)
print("沿第 0 轴  stack  结果:\n", result)

                                        #沿第 1 轴堆叠
result_axis1 = np.stack((a, b), axis=1)
print("沿第 1 轴  stack  结果:\n", result_axis1)
```

运行结果：

```
沿第 0 轴  stack  结果:
 [[1 2 3]
 [4 5 6]]
沿第 1 轴  stack  结果:
 [[1 4]
 [2 5]
 [3 6]]
```

4. 数组的添加与删除

（1）append()函数。

语法：numpy.append(arr, values, axis=None)

沿指定轴向数组末尾添加元素，返回一个新的数组。axis：指定添加的轴，如果未指定，则数组会被展平成一维后进行添加。

例 9-14 使用 append()函数对数组元素进行增加。

参考代码：

```
import numpy as np
                                        #一维数组添加元素
arr = np.array([1, 2, 3])
new_arr = np.append(arr, 4)
print("一维数组添加元素:", new_arr)        #输出: [1 2 3 4]

                                        #二维数组添加行
arr_2d = np.array([[1, 2], [3, 4]])
new_row = np.array([5, 6])
appended_2d = np.append(arr_2d, [new_row], axis=0)
print("二维数组添加行:\n", appended_2d)

                                        #二维数组添加列
new_col = np.array([[7], [8]])
appended_col = np.append(arr_2d, new_col, axis=1)
print("二维数组添加列:\n", appended_col)
```

运行结果：

```
一维数组添加元素: [1 2 3 4]
二维数组添加行:
 [[1 2]
 [3 4]
 [5 6]]
二维数组添加列:
 [[1 2 7]
 [3 4 8]]
```

（2）insert()函数。

语法：numpy.insert(arr, obj, values, axis=None)

在指定位置插入元素，返回一个新的数组。arr：输入的数组。obj：指定插入的索引位置。values：要插入的值。axis：指定插入的轴，如果未指定，则数组会被展平成一维后进行插入。

例 9-15 使用 insert()函数对数组元素进行增加。

参考代码：

```
import numpy as np
                                                    #在一维数组中插入元素
arr = np.array([1, 2, 3])
new_arr = np.insert(arr, 1, 10)
print("在一维数组中插入元素:", new_arr)              #输出: [ 1 10   2   3]

                                                    #在二维数组中插入行
arr_2d = np.array([[1, 2], [3, 4]])
new_row = np.array([5, 6])
inserted_2d = np.insert(arr_2d, 1, new_row, axis=0)
print("二维数组中插入行:\n", inserted_2d)

                                                    #在二维数组中插入列
new_col = np.array([7, 8])
inserted_col = np.insert(arr_2d, 1, new_col, axis=1)
print("二维数组中插入列:\n", inserted_col)
```

运行结果：

```
在一维数组中插入元素: [ 1 10   2   3]
二维数组中插入行:
 [[1 2]
 [5 6]
 [3 4]]
二维数组中插入列:
 [[1 7 2]
 [3 8 4]]
```

（3）delete()函数。

语法：numpy.delete(arr, obj, axis=None)

用于返回一个新的数组，该数组是从输入数组中删除指定的子集。需要注意的是，delete() 函数不会修改原始数组，而是返回一个新的数组。因此，如果想要修改原始数组，需要将返回值重新赋值给原数组。

例 9-16 使用 delete()函数删除数组元素。

参考代码：

```
import numpy as np
                                                    #创建一维数组
arr = np.array([10, 20, 30, 40, 50, 60, 70])

                                                    #删除索引为 1, 3, 5 的元素
indices_to_delete = [1, 3, 5]
new_arr = np.delete(arr, indices_to_delete)

print("原始数组:", arr)
print("删除索引 1,3,5 后的数组:", new_arr)

                                                    #删除索引从 2 到 4（不包括 4）的元素
new_arr1 = np.delete(arr, slice(2, 4))

print("原始数组:", arr)
print("删除索引 2 到 4 的数组:", new_arr1)

                                                    #创建二维数组
arr = np.array([[1, 2, 3],
                [4, 5, 6],
                [7, 8, 9],
                [10, 11, 12]])

                                                    #删除第二行（索引 1）
new_arr2 = np.delete(arr, 1, axis=0)
                                                    #删除第一列（索引 0）
new_arr3 = np.delete(arr, 0, axis=1)

print("原始数组:\n", arr)
print("删除索引 1 的行后的数组:\n", new_arr2)
print("删除索引 0 的列后的数组:\n", new_arr3)
```

运行结果：

```
原始数组: [10 20 30 40 50 60 70]
删除索引 1,3,5 后的数组: [10 30 50 70]
原始数组: [10 20 30 40 50 60 70]
删除索引 2 到 4 的数组: [10 20 50 60 70]
原始数组:
 [[ 1  2  3]
 [ 4  5  6]
 [ 7  8  9]
 [10 11 12]]
删除索引 1 的行后的数组:
 [[ 1  2  3]
 [ 7  8  9]
 [10 11 12]]
```

```
删除索引 0 的列后的数组:
[[2  3]
 [5  6]
 [8  9]]
```

9.1.4　其他函数

NumPy 库提供了丰富的函数库来支持各种数据处理和分析任务。NumPy 库的常用字符串函数、数学函数、统计函数等相关函数如表 9-3 所示。

表 9-3　NumPy 库相关函数

函 数 名	描　述	示　例
numpy.char.add	连接两个字符串数组中的元素	>>> np.char.add(['Hello '], ['World']) ['Hello World']
numpy.char.capitalize	将字符串的第一个字母大写	>>> np.char.capitalize('hello') 'Hello'
numpy.char.lower	将字符串转换为小写	>>> np.char.lower('HELLO') 'hello'
numpy.char.upper	将字符串转换为大写	>>> np.char.upper('hello') 'HELLO'
numpy.char.replace	替换字符串中的指定子字符串	>>> np.char.replace('hello', 'l', 'L') 'heLLo'
numpy.char.strip	删除字符串两端的指定字符（默认为空白字符）	>>> np.char.strip(' hello ') 'hello'
numpy.char.split	根据指定分隔符拆分字符串	>>> np.char.split('a,b,c', sep=',') ['a', 'b', 'c']
numpy.char.startswith	检查字符串是否以指定前缀开始	>>> np.char.startswith('Hello', 'He') True
numpy.char.endswith	检查字符串是否以指定后缀结束	>>> np.char.endswith('Hello', 'lo') True
numpy.sin	计算数组各元素的正弦值	>>> np.sin(np.pi/2) 1.0
numpy.cos	计算数组各元素的余弦值	>>> np.cos(0) 1.0
numpy.tan	计算数组各元素的正切值	>>> np.tan(np.pi/4) 1.0
numpy.arcsin	计算数组各元素的反正弦值（结果以弧度表示）	>>> np.arcsin(1) π/2
numpy.arccos	计算数组各元素的反余弦值（结果以弧度表示）	>>> np.arccos(1) 0.0
numpy.arctan	计算数组各元素的反正切值（结果以弧度表示）	>>> np.arctan(1) π/4

续表

函数名	描述	示例
numpy.sinh	计算数组各元素的双曲正弦值	>>> np.sinh(0) 0.0
numpy.cosh	计算数组各元素的双曲余弦值	>>> np.cosh(0) 1.0
numpy.tanh	计算数组各元素的双曲正切值	>>> np.tanh(0) 0.0
numpy.exp	计算数组各元素的指数值（e 的幂次方）	>>> np.exp(1) 2.718281828459045
numpy.log	计算数组各元素的自然对数（以 e 为底）	>>> np.log(np.e) 1.0
numpy.log10	计算数组各元素以 10 为底的对数	>>> np.log10(100) 2.0
numpy.log2	计算数组各元素以 2 为底的对数	>>> np.log2(8) 3.0
numpy.sqrt	计算数组各元素的平方根	>>> np.sqrt(16) 4.0
numpy.power	计算数组各元素的幂次方	>>> np.power(2, 3) 8
numpy.abs	计算数组各元素的绝对值	>>> np.abs(−5) 5
numpy.ceil	对数组各元素向上取整	>>> np.ceil(4.2) 5.0
numpy.floor	对数组各元素向下取整	>>> np.floor(4.8) 4.0
numpy.round	对数组各元素进行四舍五入	>>> np.round(4.5) 4.0
numpy.degrees	将弧度转换为角度	>>> np.degrees(np.pi) 180.0
numpy.radians	将角度转换为弧度	>>> np.radians(180) π
numpy.add	对两个数组对应元素进行加法运算	>>> np.add(2, 3) 5
numpy.subtract	对两个数组对应元素进行减法运算	>>> np.subtract(5, 3) 2
numpy.multiply	对两个数组对应元素进行乘法运算	>>> np.multiply(2, 3) 6
numpy.divide	对两个数组对应元素进行除法运算	>>> np.divide(6, 3) 2.0

续表

函 数 名	描　述	示　例
numpy.floor_divide	对两个数组对应元素进行地板除运算（向下取整）	>>> np.floor_divide(7, 2) 3
numpy.mod	计算两个数组对应元素的模（余数）	>>> np.mod(7, 3) 1
numpy.power	对两个数组对应元素进行幂运算	>>> np.power(2, 3) 8
numpy.fmod	计算两个数组对应元素的浮点模（余数）	>>> np.fmod(7.5, 2.5) 0.0
numpy.maximum	返回两个数组对应元素的最大值	>>> np.maximum(2, 3) 3
numpy.minimum	返回两个数组对应元素的最小值	>>> np.minimum(2, 3) 2
numpy.exp	计算 e 的各元素幂次方	>>> np.exp(1) 2.718281828459045
numpy.sqrt	计算各元素的平方根	>>> np.sqrt(16) 4.0
numpy.mean	计算数组元素的平均值	>>> np.mean([1, 2, 3, 4]) 2.5
numpy.median	计算数组元素的中位数	>>> np.median([1, 2, 3, 4]) 2.5
numpy.std	计算数组元素的标准差	>>> np.std([1, 2, 3, 4]) 1.118033988749895
numpy.var	计算数组元素的方差	>>> np.var([1, 2, 3, 4]) 1.25
numpy.min	查找数组中的最小值	>>> np.min([1, 2, 3, 4]) 1
numpy.max	查找数组中的最大值	>>> np.max([1, 2, 3, 4]) 4
numpy.ptp	计算数组元素的峰值到峰值（最大值与最小值之差）	>>> np.ptp([1, 2, 3, 4]) 3
numpy.percentile	计算数组元素的第 k 个百分位数	>>> np.percentile([1, 2, 3, 4], 25) 1.75
numpy.quantile	计算数组元素的第 k 个分位数	>>> np.quantile([1, 2, 3, 4], 0.25) 1.75
numpy.corrcoef	计算两个数组的相关系数	>>> np.corrcoef([1, 2, 3], [4, 5, 6]) array([[1., 1.],[1., 1.]])
numpy.cov	计算两组数据的协方差矩阵	>>> np.cov([1, 2, 3], [4, 5, 6]) array([[1., 1.],[1., 1.]])

续表

函数名	描述	示例
numpy.linalg.inv	计算矩阵的逆	>>> np.linalg.inv([[1, 2], [3, 4]]) array([[-2. , 1.], [1.5, -0.5]])
numpy.linalg.det	计算矩阵的行列式	>>> np.linalg.det([[1, 2], [3, 4]]) -2.0
numpy.linalg.eig	计算矩阵的特征值和特征向量	>>> np.linalg.eig([[1, 2], [3, 4]]) (array([-0.37228132, 5.37228132]), array([[-0.82456484, -0.41597356], [0.56576746, -0.90937671]]))
numpy.linalg.solve	解线性矩阵方程	>>> np.linalg.solve([[1, 2], [3, 4]], [5, 6]) array([-4., 4.5])
numpy.linalg.norm	计算向量或矩阵的范数	>>> np.linalg.norm([3, 4]) 5.0

9.1.5 综合案例

1. 实验背景

体重是评估人体健康状况的重要指标之一。通过对患者体重数据的分析，可以帮助医疗专业人员了解不同患者的体重分布、识别异常体重情况，以及制定相应的健康干预措施。本实验将仅使用 NumPy 库对患者的体重数据进行数据生成、统计分析、数据清洗和风险评估。

2. 实验目标

（1）数据生成：模拟生成一组患者的体重数据。

（2）基本统计分析：计算体重数据的均值、中位数、标准差等统计量。

（3）数据清洗：识别并删除异常体重数据，确保分析的准确性。

（4）风险评估：根据体重数据评估患者是否存在超重或体重不足的风险。

（5）数据保存：将分析结果保存到文件中。

参考代码：

```
import numpy as np
                                        #设置随机种子以便结果可重复
np.random.seed(42)

                  #生成 100 位患者的体重数据，遵循正态分布，均值为 70kg，标准差为 10kg
average_weight = 70
std_weight = 10
num_patients = 100

                                        #生成正常体重数据
weights = np.random.normal(average_weight, std_weight, num_patients)
```

```
                                            #引入 5 个异常值（2 个极轻，3 个极重）
outliers = np.array([30, 32, 120, 130, 135])
weights_with_outliers = np.append(weights, outliers)

                                            #输出生成的数据
print("生成的体重数据（kg）：\n", weights_with_outliers)
print(f"总数据点数量: {weights_with_outliers.size}")
                                            #计算统计量
mean_weight = np.mean(weights_with_outliers)
median_weight = np.median(weights_with_outliers)
std_weight = np.std(weights_with_outliers)
min_weight = np.min(weights_with_outliers)
max_weight = np.max(weights_with_outliers)

print("\n 体重统计分析：")
print(f"平均体重: {mean_weight:.2f} kg")
print(f"中位数体重: {median_weight:.2f} kg")
print(f"体重标准差: {std_weight:.2f} kg")
print(f"最小体重: {min_weight:.2f} kg")
print(f"最大体重: {max_weight:.2f} kg")

                                            #数据清洗
lower_bound = 50
upper_bound = 100
mask = (weights_with_outliers >= lower_bound) & (weights_with_outliers <= upper_bound)
clean_weights = weights_with_outliers[mask]

print(f"\n 清洗后数据点数量: {clean_weights.size}")
print("清洗后的体重数据（kg）：\n", clean_weights)

                                            #风险评估
underweight_threshold = 60
overweight_threshold = 85

underweight = clean_weights < underweight_threshold
overweight = clean_weights > overweight_threshold

num_underweight = np.sum(underweight)
num_overweight = np.sum(overweight)

print("\n 风险评估：")
print(f"体重不足的患者数量: {num_underweight}")
print(f"超重的患者数量: {num_overweight}")

                                            #列出体重不足和超重的患者
underweight_weights = clean_weights[underweight]
```

```
overweight_weights = clean_weights[overweight]

print("\n 体重不足的患者的体重 (kg):\n", underweight_weights)
print("\n 超重的患者的体重 (kg):\n", overweight_weights)

                                                                    #数据保存
with open("weight_analysis.txt", "w") as file:
    file.write("体重统计分析：\n")
    file.write(f"平均体重: {mean_weight:.2f} kg\n")
    file.write(f"中位数体重: {median_weight:.2f} kg\n")
    file.write(f"体重标准差: {std_weight:.2f} kg\n")
    file.write(f"最小体重: {min_weight:.2f} kg\n")
    file.write(f"最大体重: {max_weight:.2f} kg\n\n")

    file.write("风险评估：\n")
    file.write(f"体重不足的患者数量: {num_underweight}\n")
    file.write(f"超重的患者数量: {num_overweight}\n\n")

    file.write("体重不足的患者的体重 (kg):\n")
    file.write(', '.join(map(str, underweight_weights)) + "\n\n")

    file.write("超重的患者的体重 (kg):\n")
    file.write(', '.join(map(str, overweight_weights)) + "\n")

print("\n 分析结果已保存到 'weight_analysis.txt' 文件。")
```

运行结果：

```
生成的体重数据（kg）：
 [ 74.96714153   68.61735699    76.47688538   85.23029856    67.65846625
   67.65863043   85.79212816    77.67434729   65.30525614    75.42560044
   65.36582307   65.34270246    72.41962272   50.86719755    52.75082167
   64.37712471   59.8716888     73.14247333   60.91975924    55.87696299
   84.65648769   67.742237      70.67528205   55.75251814    64.55617275
   71.1092259    58.49006423    73.75698018   63.9936131     67.0830625
   63.98293388   88.52278185    69.86502775   59.42289071    78.22544912
   57.7915635    72.08863595    50.40329876   56.71813951    71.96861236
   77.3846658    71.71368281    68.84351718   66.98896304    55.2147801
   62.80155792   65.39361229    80.57122226   73.4361829     52.36959845
   73.24083969   66.1491772     63.23078      76.11676289    80.30999522
   79.31280119   61.60782477    66.90787624   73.31263431    79.75545127
   65.20825762   68.14341023    58.93665026   58.03793376    78.12525822
   83.56240029   69.27989878    80.03532898   73.61636025    63.54880245
   73.61395606   85.38036566    69.64173961   85.64643656    43.80254896
   78.21902504   70.87047068    67.0099265    70.91760777    50.12431085
   67.80328112   73.57112572    84.77894045   64.81729782    61.91506397
   64.98242956   79.15402118    73.2875111    64.70239796    75.13267433
   70.97077549   79.68644991    62.97946906   66.72337853    66.07891847
   55.36485052   72.96120277    72.61055272   70.05113457    67.65412867
   30.           32.           120.          130.          135.         ]
```

```
总数据点数量: 105

体重统计分析:
平均体重: 69.93 kg
中位数体重: 68.84 kg
体重标准差: 14.36 kg
最小体重: 30.00 kg
最大体重: 135.00 kg

清洗后数据点数量: 99
清洗后的体重数据（kg）:
 [74.96714153 68.61735699  76.47688538 85.23029856 67.65846625 67.65863043
 85.79212816 77.67434729  65.30525614 75.42560044 65.36582307 65.34270246
 72.41962272 50.86719755  52.75082167 64.37712471 59.8716888  73.14247333
 60.91975924 55.87696299  84.65648769 67.742237   70.67528205 55.75251814
 64.55617275 71.1092259   58.49006423 73.75698018 63.9936131  67.0830625
 63.98293388 88.52278185  69.86502775 59.42289071 78.22544912 57.7915635
 72.08863595 50.40329876  56.71813951 71.96861236 77.3846658  71.71368281
 68.84351718 66.98896304  55.2147801  62.80155792 65.39361229 80.57122226
 73.4361829  52.36959845  73.24083969 66.1491772  63.23078    76.11676289
 80.30999522 79.31280119  61.60782477 66.90787624 73.31263431 79.75545127
 65.20825762 68.14341023  58.93665026 58.03793376 78.12525822 83.56240029
 69.27989878 80.03532898  73.61636025 63.54880245 73.61395606 85.38036566
 69.64173961 85.64643656  78.21902504 70.87047068 67.0099265  70.91760777
 50.12431085 67.80328112  73.57112572 84.77894045 64.81729782 61.91506397
 64.98242956 79.15402118  73.2875111  64.70239796 75.13267433 70.97077549
 79.68644991 62.97946906  66.72337853 66.07891847 55.36485052 72.96120277
 72.61055272 70.05113457  67.65412867]

风险评估:
体重不足的患者数量: 16
超重的患者数量: 5

体重不足的患者的体重 (kg):
 [50.86719755 52.75082167 59.8716888  55.87696299 55.75251814 58.49006423
 59.42289071 57.7915635  50.40329876 56.71813951 55.2147801  52.36959845
 58.93665026 58.03793376 50.12431085 55.36485052]

超重的患者的体重 (kg):
 [85.23029856 85.79212816 88.52278185 85.38036566 85.64643656]

分析结果已保存到 'weight_analysis.txt' 文件。
```

9.2 Pandas 库

Pandas 库是一个开源的 Python 数据分析和数据处理库，广泛应用于数据科学、统计分析和机器学习等领域。Pandas 库提供了高效、灵活和易于使用的数据结构，使得处理结构化数据变得简便快捷。其核心数据结构包括 Series 和 DataFrame，能够有效地进行数据清洗、数据转换及数据分析。

9.2.1 系列

系列（Series）是一种一维标签化数组，可以存储任何数据类型。每个元素都有一个对应的标签（索引）。

1. 创建 Series

语法：pandas.Series(data, index=None, dtype=None, name=None, copy=False)

Series 参数说明如表 9-4 所示。

表 9-4 Series 参数说明

参　数	说　明
data	用于创建 Series 的数据，可以是列表、字典、标量值、NumPy 数组等
index	可选参数，指定 Series 的索引，如果不提供，默认使用整数索引（0, 1, 2, ...）
dtype	可选参数，指定 Series 的数据类型，通常 Pandas 会自动推断
name	可选参数，给 Series 命名
copy	布尔值，默认为 False，如果为 True，将复制输入数据

例 9-17 从列表（list）创建 Series。

参考代码：

```
import pandas as pd
                                        #使用列表创建 Series
data = [10, 20, 30, 40, 50]
series = pd.Series(data)
print(series)

                                        #使用列表和自定义索引创建 Series
data = [10, 20, 30, 40, 50]
index = ['a', 'b', 'c', 'd', 'e']
series = pd.Series(data, index=index)
print(series)
```

运行结果：

```
0    10
1    20
2    30
3    40
4    50
dtype: int64
a    10
b    20
c    30
```

```
d       40
e       50
dtype: int64
```

例 9-18　从字典（Dictionary）创建 Series。

参考代码：

```
import pandas as pd
                                                    #使用字典创建 Series
data = {'a': 100, 'b': 200, 'c': 300}
series = pd.Series(data)
print(series)
                                                    #使用字典和指定索引创建 Series
data = {'a': 100, 'b': 200, 'c': 300}
index = ['a', 'b', 'c', 'd']
series = pd.Series(data, index=index)
print(series)
```

运行结果：

```
a       100
b       200
c       300
dtype: int64
a       100.0
b       200.0
c       300.0
d         NaN
dtype: float64
```

例 9-19　从 NumPy 数组创建 Series。

参考代码：

```
import numpy as np
import pandas as pd
                                                    #使用 NumPy 数组创建 Series
data = np.array([1, 2, 3, 4, 5])
series = pd.Series(data)
print(series)
                                                    #使用 NumPy 数组和自定义索引创建 Series
data = np.array([1, 2, 3, 4, 5])
index = ['a', 'b', 'c', 'd', 'e']
series = pd.Series(data, index=index)
print(series)
```

运行结果：

```
0     1
1     2
2     3
3     4
4     5
dtype: int32
```

```
a    1
b    2
c    3
d    4
e    5
dtype: int32
```

例 9-20 在另一个 Series 中创建 Series。

参考代码：

```
import pandas as pd
                                                        #使用另一个 Series 创建 Series
data = pd.Series([1, 2, 3], index=['a', 'b', 'c'])
new_series = pd.Series(data)
print(new_series)
                                  '''复制 Series,当 copy=True 时，new_series 是 data 的独立副本，
修改 new_series 不会影响 data。'''
data = pd.Series([1, 2, 3], index=['a', 'b', 'c'])
new_series = pd.Series(data, copy=True)
print(new_series)
```

运行结果：

```
a    1
b    2
c    3
dtype: int64
a    1
b    2
c    3
dtype: int64
```

2. 访问数组元素

（1）通过标签访问单个元素，通过[]或.loc[]属性访问。需要注意的是，使用 .loc[] 属性访问数据时，标签必须存在于 Series 的索引中，否则会引发 KeyError。

例 9-21 通过标签访问单个元素。

参考代码：

```
import pandas as pd
data = [10, 20, 30, 40, 50]
index = ['a', 'b', 'c', 'd', 'e']
series = pd.Series(data, index=index)
print(series)
                                                        #访问标签为 'c' 的元素
value = series['c']
print(value)
                                                        #使用 .loc[] 访问标签为 'c' 的元素
value = series.loc['c']
print(value)
```

运行结果：

```
a    10
b    20
c    30
d    40
e    50
dtype: int64
30
30
```

（2）通过标签访问多个元素。可以使用列表传递多个标签、使用.loc[]结合列表访问或者通过切片访问（标签切片包含结束标签）。

例 9-22　访问多个元素。

参考代码：

```
import pandas as pd
data = [10, 20, 30, 40, 50]
index = ['a', 'b', 'c', 'd', 'e']
series = pd.Series(data, index=index)
print(series)

                                                  #访问标签为 'a', 'c', 'e' 的元素
values = series[['a', 'c', 'e']]
print(values)
                                                  #使用 .loc[] 访问标签为 'a', 'c', 'e' 的元素
values = series.loc[['a', 'c', 'e']]
print(values)
                                                  #使用 or 通过切片访问从 'b' 到 'd' 的元素
sliced = series['b':'d']
print(sliced)
                                                  #使用 .loc[] 访问标签从 'b' 到 'd' 的元素
sliced = series.loc['b':'d']
print(sliced)
                                                  #访问值大于 25 的元素
filtered = series.loc[series > 25]
print(filtered)
```

运行结果：

```
a    10
b    20
c    30
d    40
e    50
dtype: int64
a    10
c    30
```

```
e      50
dtype: int64
a      10
c      30
e      50
dtype: int64
b      20
c      30
d      40
dtype: int64
b      20
c      30
d      40
dtype: int64
c      30
d      40
e      50
dtype: int64
```

9.2.2 数据帧

数据帧（DataFrame）是二维数据结构，它可以看作是一个二维的表格，类似于 Excel 中的工作表。DataFrame 由行和列组成，每一列可以有不同的数据类型。支持基于标签的行和列索引，方便数据访问和操作。

1. 创建 DataFrame

语法：pandas.DataFrame(data, index, columns, dtype, copy)

DataFrame 参数说明如表 9-5 所示。

表 9-5 DataFrame 参数说明

参数	说明
data	用于创建 DataFrame 的数据，可以是字典、列表、NumPy 数组、Series 等
index	可选参数，指定 DataFrame 的行索引，如果不提供，默认使用整数索引（0, 1, 2, ...）
columns	可选参数，指定 DataFrame 的列标签，如果不提供，默认使用数据中的键或自动生成
dtype	可选参数，指定数据类型，通常 Pandas 会自动推断
copy	布尔值，默认为 False，如果为 True，将复制输入数据

例 9-23 从字典创建 DataFrame。

参考代码：

```
import pandas as pd
                                                    #使用字典包含列表创建 DataFrame
data = {
    'Name': ['Alice', 'Bob', 'Charlie', 'David'],
    'Age': [25, 30, 35, 40],
    'City': ['New York', 'Los Angeles', 'Chicago', 'Houston']
```

```
}
df = pd.DataFrame(data)
print(df)

                                        #字典包含标量值（所有列赋相同标量值）
data = {
    'Name': 'Unknown',
    'Age': 0,
    'City': 'Unknown'
}
df = pd.DataFrame(data, index=[0, 1, 2])
print(df)
```

运行结果：

```
     Name   Age        City
0    Alice 25   New York
1    Bob       30   Los Angeles
2    Charlie   35   Chicago
3    David     40   Houston
     Name   Age    City
0    Unknown    0   Unknown
1    Unknown    0   Unknown
2    Unknown    0   Unknown
```

例 9-24　从二维列表或嵌套列表创建 DataFrame。

参考代码：

```
import pandas as pd
                                        #使用二维列表创建 DataFrame，并指定列名
data = [
    ['Alice', 25, 'New York'],
    ['Bob', 30, 'Los Angeles'],
    ['Charlie', 35, 'Chicago'],
    ['David', 40, 'Houston']
]
df = pd.DataFrame(data, columns=['Name', 'Age', 'City'])
print(df)
```

运行结果：

```
     Name   Age        City
0    Alice     25   New York
1    Bob       30   Los Angeles
2    Charlie   35   Chicago
3    David     40   Houston
```

例 9-25　从 NumPy 数组创建 DataFrame。

参考代码：

```
import pandas as pd
import numpy as np

                                        #使用 NumPy 数组创建 DataFrame，并指定列名
data = np.array([
```

```
    ['Alice', 25, 'New York'],
    ['Bob', 30, 'Los Angeles'],
    ['Charlie', 35, 'Chicago'],
    ['David', 40, 'Houston']
])
df = pd.DataFrame(data, columns=['Name', 'Age', 'City'])
print(df)
```

运行结果：

```
      Name Age          City
0    Alice 25    New York
1    Bob        30    Los Angeles
2    Charlie    35    Chicago
3    David      40    Houston
```

例 9-26 从 Series 创建 DataFrame。

参考代码：

```
import pandas as pd
                                                    #创建多个 Series
s1 = pd.Series(['Alice', 'Bob', 'Charlie', 'David'], name='Name')
s2 = pd.Series([25, 30, 35, 40], name='Age')
s3 = pd.Series(['New York', 'Los Angeles', 'Chicago', 'Houston'], name='City')
                                                    #使用 Series 创建 DataFrame
df = pd.concat([s1, s2, s3], axis=1)
print(df)
```

运行结果：

```
      Name   Age          City
0    Alice 25    New York
1    Bob   30    Los Angeles
2    Charlie    35    Chicago
3    David      40    Houston
```

2. 访问 DataFrame 中的数据

（1）访问单列数据，返回一个 Series 对象。

例 9-27 通过列名访问单列数据。

参考代码：

```
import pandas as pd
                                                    #创建 DataFrame
data = {
    'PatientID': [1, 2, 3, 4, 5],
    'Name': ['Alice', 'Bob', 'Charlie', 'David', 'Eva'],
    'Age': [34, 45, 29, 52, 37],
    'Gender': ['F', 'M', 'M', 'M', 'F'],
    'Diagnosis': ['Diabetes', 'Hypertension', 'Asthma', 'Coronary Artery Disease', 'Arthritis'],
    'BMI': [22.5, 28.3, 24.8, 30.1, 26.7]
}
df = pd.DataFrame(data)
print(df)
```

```
print("*"*70)
                                                    #访问 'Name' 列
patient_names = df['Name']
print(patient_names)
                                                    #访问 'Age' 列
patient_ages = df.Age
print(patient_ages)
```

运行结果：

```
PatientID    Name    Age Gender              Diagnosis     BMI
0         1  Alice    34    F                Diabetes   22.5
1         2  Bob      45    M                Hypertension   28.3
2         3  Charlie  29    M                Asthma    24.8
3         4  David    52    M                Coronary Artery Disease   30.1
4         5  Eva      37    F                Arthritis   26.7
**********************************************************************
0        Alice
1        Bob
2        Charlie
3        David
4        Eva
Name: Name, dtype: object
0        34
1        45
2        29
3        52
4        37
Name: Age, dtype: int64
```

（2）访问多列数据。

例 9-28　通过传递列名的列表，返回一个新的 DataFrame。

参考代码：

```
import pandas as pd
                                                    #创建 DataFrame
data = {
    'PatientID': [1, 2, 3, 4, 5],
    'Name': ['Alice', 'Bob', 'Charlie', 'David', 'Eva'],
    'Age': [34, 45, 29, 52, 37],
    'Gender': ['F', 'M', 'M', 'M', 'F'],
    'Diagnosis': ['Diabetes', 'Hypertension', 'Asthma', 'Coronary Artery Disease', 'Arthritis'],
    'BMI': [22.5, 28.3, 24.8, 30.1, 26.7]
}
df = pd.DataFrame(data)
print(df)
print("*"*70)
                                                    #访问 'Name' 和 'Diagnosis' 两列
```

```
selected_columns = df[['Name', 'Diagnosis']]
print(selected_columns)
```

运行结果：

```
   PatientID     Name  Age Gender                  Diagnosis   BMI
0          1    Alice   34      F                   Diabetes  22.5
1          2      Bob   45      M               Hypertension  28.3
2          3  Charlie   29      M                     Asthma  24.8
3          4    David   52      M    Coronary Artery Disease  30.1
4          5      Eva   37      F                  Arthritis  26.7
**********************************************************************
      Name                Diagnosis
0    Alice                 Diabetes
1      Bob             Hypertension
2  Charlie                   Asthma
3    David  Coronary Artery Disease
4      Eva                Arthritis
```

（3）访问行数据。

.iloc[]是基于整数位置访问行的数据。.iloc[] 按照行的整数位置进行访问，起始索引为 0。

例 9-29 使用.iloc[]访问行数据。

参考代码：

```
import pandas as pd
                                                    #创建 DataFrame
data = {
    'PatientID': [1, 2, 3, 4, 5],
    'Name': ['Alice', 'Bob', 'Charlie', 'David', 'Eva'],
    'Age': [34, 45, 29, 52, 37],
    'Gender': ['F', 'M', 'M', 'M', 'F'],
    'Diagnosis': ['Diabetes', 'Hypertension', 'Asthma', 'Coronary Artery Disease', 'Arthritis'],
    'BMI': [22.5, 28.3, 24.8, 30.1, 26.7]
}
df = pd.DataFrame(data)
print(df)
print("*"*70)
                                                    #访问第一行（索引位置 0）
first_patient = df.iloc[0]
print(first_patient)
                                                    #获取前三名患者的完整信息
first_three = df.iloc[:3]
print(first_three)
```

运行结果：

```
   PatientID   Name  Age Gender        Diagnosis   BMI
0          1  Alice   34      F         Diabetes  22.5
1          2    Bob   45      M     Hypertension  28.3
```

```
2          3   Charlie    29        M                 Asthma        24.8
3          4   David      52        M                 Coronary Artery Disease    30.1
4          5   Eva        37        F                 Arthritis                  26.7
**********************************************************************
PatientID         1
Name              Alice
Age               34
Gender            F
Diagnosis         Diabetes
BMI               22.5
Name: 0, dtype: object
   PatientID      Name      Age Gender          Diagnosis                  BMI
0             1   Alice       34          F           Diabetes             22.5
1             2   Bob         45          M           Hypertension         28.3
2             3   Charlie     29          M           Asthma               24.8
```

.loc[]具有多种访问方式，如单个标量标签、标签列表、切片对象等。

例 9-30　使用.loc[]访问数据。

参考代码：

```
import pandas as pd
                                                       #创建 DataFrame
data = {
    'PatientID': [1, 2, 3, 4, 5],
    'Name': ['Alice', 'Bob', 'Charlie', 'David', 'Eva'],
    'Age': [34, 45, 29, 52, 37],
    'Gender': ['F', 'M', 'M', 'M', 'F'],
    'Diagnosis': ['Diabetes', 'Hypertension', 'Asthma', 'Coronary Artery Disease', 'Arthritis'],
    'BMI': [22.5, 28.3, 24.8, 30.1, 26.7]
}
df = pd.DataFrame(data)
print(df)
print("*"*70)
                                                       #访问标签为 2 的行
patient_label_2 = df.loc[2]
print(patient_label_2)
                              #获取 PatientID 为 4 的患者信息。首先设置 'PatientID' 为行索引
df_indexed = df.set_index('PatientID')
patient_4 = df_indexed.loc[4]
print(patient_4)
```

运行结果：

```
   PatientID      Name    Age Gender              Diagnosis                  BMI
0          1   Alice       34         F           Diabetes                   22.5
1          2   Bob         45         M           Hypertension               28.3
2          3   Charlie     29         M           Asthma                     24.8
3          4   David       52         M           Coronary Artery Disease    30.1
4          5   Eva         37         F           Arthritis                  26.7
```

```
**********************************************************************
PatientID          3
Name               Charlie
Age                29
Gender             M
Diagnosis          Asthma
BMI                24.8
Name: 2, dtype: object
Name               David
Age                52
Gender             M
Diagnosis          Coronary Artery Disease
BMI                30.1
Name: 4, dtype: object
```

（4）.get()方法访问数据。

.get() 方法可用于通过列名安全地访问数据，若列名不存在则返回 None 或指定的默认值。

例 9-31　使用.get()方法访问数据。

参考代码：

```
import pandas as pd
                                        #创建 DataFrame
data = {
    'PatientID': [1, 2, 3, 4, 5],
    'Name': ['Alice', 'Bob', 'Charlie', 'David', 'Eva'],
    'Age': [34, 45, 29, 52, 37],
    'Gender': ['F', 'M', 'M', 'M', 'F'],
    'Diagnosis': ['Diabetes', 'Hypertension', 'Asthma', 'Coronary Artery Disease', 'Arthritis'],
    'BMI': [22.5, 28.3, 24.8, 30.1, 26.7]
}
df = pd.DataFrame(data)
print(df)
print("*"*70)
                                        #获取 'BloodPressure' 列，如果不存在则返回 None
blood_pressure = df.get('BloodPressure')
print(f"BloodPressure 列：{blood_pressure}")
                                        #获取 'Cholesterol' 列，如果不存在则赋予默认值。
df['Cholesterol'] = df.get('Cholesterol', pd.Series([200, 190, 180, 210, 195]))
print(df)
```

运行结果：

```
   PatientID    Name     Age   Gender   Diagnosis                 BMI
0          1    Alice    34    F        Diabetes                  22.5
1          2    Bob      45    M        Hypertension              28.3
2          3    Charlie  29    M        Asthma                    24.8
3          4    David    52    M        Coronary Artery Disease   30.1
4          5    Eva      37    F        Arthritis                 26.7
**********************************************************************
```

```
BloodPressure 列：None
   PatientID     Name      Age     Gender   Diagnosis                 BMI    Cholesterol
0          1     Alice     34      F        Diabetes                  22.5   200
1          2     Bob       45      M        Hypertension              28.3   190
2          3     Charlie   29      M        Asthma                    24.8   180
3          4     David     52      M        Coronary Artery Disease   30.1   210
4          5     Eva       37      F        Arthritis                 26.7   195
```

3. DataFrame 重要属性与方法

DataFrame 重要属性与方法如表 9-6 所示。

表 9-6 DataFrame 重要属性与方法

属性/方法	描 述	示 例
.columns	获取或设置 DataFrame 的列索引	>>>print(df.columns) >>> df.columns = ['A', 'B', 'C']
.index	获取或设置 DataFrame 的行索引	>>>print(df.index) >>>df.index = [10, 20, 30]
.dtypes	显示每列的数据类型	>>>print(df.dtypes)
.shape	返回 DataFrame 的维度（行数、列数）	>>>print(df.shape)
.size	返回 DataFrame 中的元素总数	>>>print(df.size)
.values	返回 DataFrame 中的数据(不包含索引和列)	>>>data = df.values
.head()	返回前 n 行数据，默认前 5 行	>>>print(df.head(3))
.tail()	返回后 n 行数据，默认后 5 行	>>>print(df.tail(2))
.info()	显示 DataFrame 的简要摘要，包括索引、数据类型、非空值等	>>>df.info()
.sort_values(by)	根据某列或多列排序	>>>df_sorted = df.sort_values(by='Age')
.sort_index()	根据行索引排序	>>>df_sorted = df.sort_index()
.drop()	删除指定的行或列	>>>df_dropped = df.drop('Age', axis=1)
.rename()	重命名行索引或列索引	>>>df_renamed = df.rename(columns={'Name': 'FullName'})

4. DataFrame 描述性统计

DataFrame 描述性统计如表 9-7 所示。

表 9-7 DataFrame 描述性统计

方法/函数	描 述	示 例
.describe()	生成数值列的描述性统计信息，包括计数、均值、标准差、最小值、四分位数和最大值	>>>print(df.describe())
.mean()	计算指定轴上的均值	>>>average_age= df['Age'].mean()
.median()	计算指定轴上的中位数	>>>median_bmi = df['BMI'].median()
.mode()	返回指定轴上最频繁出现的值（众数）	>>>mode_gender = df['Gender'].mode()
.std()	计算指定轴上的标准差	>>>std_age = df['Age'].std()
.var()	计算指定轴上的方差	>>>var_bmi = df['BMI'].var()

续表

方法/函数	描　述	示　例
.min()	返回指定轴上的最小值	>>>min_age = df['Age'].min()
.max()	返回指定轴上的最大值	>>>max_bmi = df['BMI'].max()
.quantile()	计算指定分位数	>>>q75_age = df['Age'].quantile(0.75)
.count()	计算非 NA/null 值的数量	>>>count_diagnosis = df['Diagnosis'].count()
.sum()	计算指定轴上的总和	>>>total_bmi = df['BMI'].sum()
.skew()	计算指定轴上的偏度	>>>skew_age = df['Age'].skew()
.kurt()	计算指定轴上的峰度	>>>kurt_bmi = df['BMI'].kurt()

例 9-32　以下是一个医学相关的示例数据，用于展示表 9-7 中相关方法的应用。

参考代码：

```
import pandas as pd
                                                  #医学患者数据
data = {
    'PatientID': [101, 102, 103, 104, 105, 106, 107, 108, 109, 110],
    'Age': [25, 34, 45, 52, 23, 36, 29, 41, 38, 50],
    'Gender': ['F', 'M', 'M', 'F', 'F', 'M', 'F', 'M', 'M', 'F'],
    'Diagnosis': ['糖尿病', '高血压', '哮喘', '冠心病', '关节炎', '糖尿病', '高血压', '哮喘', '冠心病', '关节炎'],
    'BMI': [22.5, 28.3, 24.8, 30.1, 26.7, 29.4, 23.8, 27.5, 31.2, 25.0]
}

df = pd.DataFrame(data)
print("患者相关数据\n")
print(df)
                                                  #生成数值列的描述性统计信息。
print(df.describe())
                                                  #计算平均年龄
average_age = df['Age'].mean()
print(f"平均年龄: {average_age}")
                                                  #计算 BMI 的中位数
median_bmi = df['BMI'].median()
print(f"BMI 中位数: {median_bmi}")
                                                  #计算性别的众数
mode_gender = df['Gender'].mode()
print(f"性别众数:\n{mode_gender}")
                                                  #计算年龄的标准差
std_age = df['Age'].std()
print(f"年龄标准差: {std_age:.2f}")
                                                  #计算 BMI 的方差
var_bmi = df['BMI'].var()
print(f"BMI 方差: {var_bmi:.2f}")
                                                  #找出最年轻患者的年龄
min_age = df['Age'].min()
print(f"最年轻患者的年龄: {min_age}")
                                                  #找出最高 BMI 值
```

```
max_bmi = df['BMI'].max()
print(f"最高 BMI 值: {max_bmi}")
                                              #计算年龄的 75 百分位数
q75_age = df['Age'].quantile(0.75)
print(f"年龄的 75 百分位数: {q75_age}")
                                              #计算诊断记录的数量
count_diagnosis = df['Diagnosis'].count()
print(f"诊断记录数量: {count_diagnosis}")
                                              #计算所有患者 BMI 的总和
total_bmi = df['BMI'].sum()
print(f"所有患者 BMI 的总和: {total_bmi}")
                                              #评估年龄分布的偏斜程度
skew_age = df['Age'].skew()
print(f"年龄的偏度: {skew_age:.2f}")
                                              #评估 BMI 分布的峰度
kurt_bmi = df['BMI'].kurt()
print(f"BMI 的峰度: {kurt_bmi:.2f}")
                                   #按诊断类型分组，计算每组的平均年龄和平均 BMI。
grouped_stats = df.groupby('Diagnosis').agg({
    'Age': 'mean',
    'BMI': 'mean'
}).reset_index()

print(grouped_stats)
```

运行结果：

```
患者相关数据

        PatientID  Age      Gender Diagnosis   BMI
0       101        25       F                  糖尿病    22.5
1       102        34       M                  高血压    28.3
2       103        45       M                  哮喘      24.8
3       104        52       F                  冠心病    30.1
4       105        23       F                  关节炎    26.7
5       106        36       M                  糖尿病    29.4
6       107        29       F                  高血压    23.8
7       108        41       M                  哮喘      27.5
8       109        38       M                  冠心病    31.2
9       110        50       F                  关节炎    25.0
        PatientID       Age          BMI
count   10.00000        10.000000    10.000000
mean    105.50000       37.300000    26.930000
std     3.02765         9.933669     2.873654
min     101.00000       23.000000    22.500000
25%     103.25000       30.250000    24.850000
50%     105.50000       37.000000    27.100000
75%     107.75000       44.000000    29.125000
max     110.00000       52.000000    31.200000
平均年龄: 37.3
```

```
BMI 中位数: 27.1
性别众数:
0    F
1    M
Name: Gender, dtype: object
年龄标准差: 9.93
BMI 方差: 8.26
最年轻患者的年龄: 23
最高 BMI 值: 31.2
年龄的 75 百分位数: 44.0
诊断记录数量: 10
所有患者 BMI 的总和: 269.29999999999995
年龄的偏度: 0.05
BMI 的峰度: -1.17
     Diagnosis  Age    BMI
0    关节炎      36.5   25.85
1    冠心病      45.0   30.65
2    哮喘        43.0   26.15
3    糖尿病      30.5   25.95
4    高血压      31.5   26.05
```

9.2.3 数据预处理

在数据分析中，数据预处理是确保数据质量和分析准确性的关键步骤。Pandas 提供了丰富的功能来处理和转换数据。Pandas 库中常用的数据预处理方法及函数如表 9-8 所示。

表 9-8 数据预处理方法及函数

方法/函数	描 述
.isnull() / .notnull()	检测缺失值。返回布尔型 DataFrame
.fillna()	填充缺失值
.dropna()	删除包含缺失值的行或列
.interpolate()	使用插值法填充缺失值
.drop_duplicates()	删除重复的行
.astype()	转换列的数据类型
.replace()	替换指定的值
.str.lower() / .str.upper()	对字符串列进行大小写转换
pd.get_dummies()	将分类变量转换为哑变量（独热编码）
.map()	将分类变量映射到数值
.dt accessor	访问 datetime 属性，如年、月、日
.rename()	重命名列或行索引
.query()	使用查询字符串过滤数据

例 9-33 以下是一个与医学相关的示例数据，用于展示数据预处理方法的应用。

参考代码：

```
import pandas as pd
import numpy as np
pd.set_option('display.max_columns', None)                    #显示所有列
pd.set_option('display.max_rows', None)                       #显示所有行
                                                              #医学患者数据
data = {
      'PatientID': [101, 102, 103, 104, 105, 106, 107, 108, 109, 110],
      'Age': [25, 34, 45, 52, 23, 36, 29, 41, 38, np.nan],
      'Gender': ['F', 'M', 'M', 'F', 'F', 'M', 'F', 'Male', 'M', 'F'],
      'Diagnosis': ['糖尿病', '高血压', '哮喘', '冠心病', '关节炎', '糖尿病', '高血压', '哮喘', '冠心病', '关节炎'],
      'BMI': [22.5, 28.3, 24.8, 30.1, 26.7, 29.4, 23.8, 27.5, 31.2, 25.0],
      'BloodPressure': [120, 130, np.nan, 140, 125, 135, 118, 128, 142, 130],
      'Smoker': ['Yes', 'No', 'No', 'Yes', np.nan, 'No', 'Yes', 'No', 'Yes', 'No'],
      'VisitDate': ['2023-01-15', '2023-02-20', '2023-03-10', '2023-04-05', '2023-05-18',
                    '2023-06-22', '2023-07-30', '2023-08-14', '2023-09-09', '2023-10-11']
}
df = pd.DataFrame(data)
print("患者原始数据展示\n",df)
                                                              #检查缺失值
print(df.isnull().sum())
                                                              #填充 Age 的缺失值为平均年龄
average_age = df['Age'].mean()
df['Age'].fillna(average_age, inplace=True)
                                                              #填充 BloodPressure 的缺失值为中位数
median_bp = df['BloodPressure'].median()
df['BloodPressure'].fillna(median_bp, inplace=True)
                                                              #填充 Smoker 的缺失值为 'No'
df['Smoker'].fillna('No', inplace=True)
                                                              #如果某些行缺失关键数据，可以选择删除
#df = df.dropna(subset=['Age', 'BloodPressure'])

                                                              #查看重复数据
duplicates = df.duplicated(subset=['PatientID'])
print(df[duplicates])
                                                              #删除重复行
df_unique = df.drop_duplicates(subset=['PatientID'])
                                                              #将 VisitDate 转换为 datetime 类型
df['VisitDate'] = pd.to_datetime(df['VisitDate'])

                                                              #抽取访问年份和月份
df['VisitYear'] = df['VisitDate'].dt.year
df['VisitMonth'] = df['VisitDate'].dt.month
                                                              #统一 Gender 列中的性别表示（将 'Male' 替
                                                              换为 'M'）
df['Gender'].replace({'Male': 'M'}, inplace=True)
                                                              #将 Smoker 列转换为统一的大写形式
df['Smoker'] = df['Smoker'].str.upper()
```

```
                                        #计算 BMI 的均值和标准差
mean_bmi = df['BMI'].mean()
std_bmi = df['BMI'].std()
                                        #过滤掉 BMI 超过 3 个标准差的记录
df = df[np.abs(df['BMI'] - mean_bmi) <= (3 * std_bmi)]
                                        #根据 BMI 计算体重类别
df['WeightCategory'] = df['BMI'].apply(lambda x: 'Normal' if x < 25 else 'Overweight')
                                        #抽取访问月份
df['VisitMonth'] = df['VisitDate'].dt.month
                                        #重命名列名
df.rename(columns={'PatientID': 'ID', 'VisitDate': 'Date'}, inplace=True)
                                        #选择年龄大于 30 岁的患者
df_over30 = df[df['Age'] > 30]
                                        #查询 BMI 高于 25 且吸烟者
df_filtered = df.query('BMI > 25 and Smoker == 1')
print("处理后的数据展示\n",df)
```

运行结果：

```
患者原始数据展示
     PatientID   Age Gender Diagnosis BMI   BloodPressure Smoker      VisitDate
0          101   25          F       糖尿病   22.5      120       Yes      2023-01-15
1          102   34          M       高血压   28.3      130       No       2023-02-20
2          103   45          M       哮喘     24.8      np.nan    No       2023-03-10
3          104   52          F       冠心病   30.1      140       Yes      2023-04-05
4          105   23          F       关节炎   26.7      125       np.nan   2023-05-18
5          106   36          M       糖尿病   29.4      135       No       2023-06-22
6          107   29          F       高血压   23.8      118       Yes      2023-07-30
7          108   41          M       哮喘     27.5      128       No       2023-08-14
8          109   38          M       冠心病   31.2      142       Yes      2023-09-09
9          110   NaN         F       关节炎   25.0      130       No       2023-10-11
PatientID        0
Age              1
Gender           0
Diagnosis        0
BMI              0
BloodPressure    1
Smoker           1
VisitDate        0
dtype: int64
Empty DataFrame
Columns: [PatientID, Age, Gender, Diagnosis, BMI, BloodPressure, Smoker, VisitDate]
Index: []
处理后的数据展示
    ID   Age         Gender   Diagnosis   BMI      BloodPressure   Smoker    Date  \
0  101   25.000000     F      糖尿病      22.5        120.0        YES      2023-01-15
1  102   34.000000     M      高血压      28.3        130.0        NO       2023-02-20
2  103   45.000000     M      哮喘        24.8        130.0        NO       2023-03-10
3  104   52.000000     F      冠心病      30.1        140.0        YES      2023-04-05
```

```
4  105  23.000000    F    关节炎  26.7    125.0   NO    2023-05-18
5  106  36.000000    M    糖尿病  29.4    135.0   NO    2023-06-22
6  107  29.000000    F    高血压  23.8    118.0   YES   2023-07-30
7  108  41.000000    M    哮喘    27.5    128.0   NO    2023-08-14
8  109  38.000000    M    冠心病  31.2    142.0   YES   2023-09-09
9  110  35.888889    F    关节炎  25.0    130.0   NO    2023-10-11

   VisitYear   VisitMonth   WeightCategory
0     2023          1          Normal
1     2023          2          Overweight
2     2023          3          Normal
3     2023          4          Overweight
4     2023          5          Overweight
5     2023          6          Overweight
6     2023          7          Normal
7     2023          8          Overweight
8     2023          9          Overweight
9     2023         10          Overweight
```

9.2.4 文件的读入与保存

Pandas 库支持多种数据格式的读入与保存操作。

1. 读取文件

（1）read_csv。

语法：pandas.read_csv(filepath_or_buffer, sep=',', delimiter=None, header='infer', names=None,index_col=None,usecols=None,dtype=None,na_values=None, parse_dates=False, **kwargs)

read_csv 参数说明如表 9-9 所示。

表 9-9 read_csv 参数说明

参数名称	默 认 值	描 述
filepath_or_buffer	–	文件路径或类文件对象 URL
sep	','	分隔符，如逗号、分号等
delimiter	None	与 sep 功能相同，优先级较低
header	'infer'	指定标题行的位置，默认为第一行（0），如果没有标题行，设置为 None
names	None	为列指定名称；通常与 header=None 配合使用
index_col	None	指定某列作为行索引，可以是列名或列的整数位置
usecols	None	指定要读取的列，可以是列名列表或列的整数位置列表
dtype	None	指定列的数据类型，如 {'age': int, 'name': str}
encoding	None	文件的编码，如 'utf-8'、'gbk' 等
na_values	None	指定哪些值应被视为缺失值，如 ['NA', 'NULL']

续表

参数名称	默 认 值	描 述
parse_dates	False	是否解析日期，或指定要解析的列
skiprows	None	跳过文件开始的指定行数
nrows	None	读取文件的行数
chunksize	None	返回一个迭代器，每次读取指定数量的行
compression	'infer'	文件压缩类型，如 '.gzip'、'bz2'、'zip' 等

例如：

```
>>>import pandas as pd
                                            #读取默认分隔符的 CSV 文件
>>> df = pd.read_csv('data.csv')
>>> print(df.head())
                                            #读取以分号分隔的 CSV 文件，指定列名
>>> df = pd.read_csv('data_semicolon.csv', sep=';', names=['A', 'B', 'C'], header=None)
>>> print(df.head())
                                            #读取 CSV 文件，指定索引列和数据类型
>>> df = pd.read_csv('data.csv', index_col='ID', dtype={'Age': int, 'Name': str})
>>> print(df.head())
                                            #读取 CSV 文件，解析日期列
>>> df = pd.read_csv('data.csv', parse_dates=['Date'])
>>> print(df.head())
```

（2）read_excel。

语法：pandas.read_excel(io, sheet_name=0, header=0, names=None, index_col=None, usecols=None, dtype=None, converters=None,**kwds)

read_excel 参数说明如表 9-10 所示。

表 9-10 read_excel 参数说明

参数名称	默 认 值	描 述
io	–	文件路径、URL 或类文件对象
sheet_name	0	指定要读取的工作表名称或索引，默认为第一个工作表
header	0	指定标题行的位置，默认为第一行
names	None	为列指定名称；通常与 header=None 配合使用
index_col	None	指定某列作为行索引，可以是列名或列的整数位置
usecols	None	指定要读取的列，可以是列名列表或使用 Excel 样式的列范围，如 'A:C'
dtype	None	指定列的数据类型
converters	None	转换函数字典，用于指定特定列的转换函数
parse_dates	False	是否解析日期，或指定要解析的列
skiprows	None	跳过文件开始的指定行数
nrows	None	读取文件的行数
na_values	None	指定哪些值应被视为缺失值，如 ['NA', 'NULL']

例如：

```
>>>import pandas as pd
                                                    #读取默认工作表的 Excel 文件
>>>df = pd.read_excel('data.xlsx')
>>>print(df.head())
                                                    #读取名为'Sheet2'的工作表
>>>df = pd.read_excel('data.xlsx', sheet_name='Sheet2')
>>>print(df.head())
                                                    #读取指定列并指定索引列
>>>df = pd.read_excel('data.xlsx', usecols=['A', 'C', 'E'], index_col='A')
>>>print(df.head())
                                                    #读取 Excel 文件，解析日期列
>>>df = pd.read_excel('data.xlsx', parse_dates=['Date'])
>>>print(df.head())
```

（3）read_json。

语法：pandas.read_json(path_or_buf=None, orient=None, typ='frame',dtype=True, convert_axes=True, convert_dates=True, **kwds)

read_json 参数说明如表 9-11 所示。

表 9-11　read_json 参数说明

参数名称	默　认　值	描　　述
path_or_buf	None	文件路径或类文件对象 URL
orient	None	JSON 格式的方向，如 split、records、index、columns、values
typ	'frame'	返回的数据类型，默认为 DataFrame，可选 'series'
dtype	True	是否将数据转换为指定数据类型
convert_dates	True	是否解析日期
date_unit	'ms'	日期单位，如 'ms'（毫秒）、's'（秒）
encoding	'utf-8'	文件的编码，如 'utf-8'、'gbk' 等
lines	False	是否每行是一个独立的 JSON 对象

例如：

```
>>>import pandas as pd
                                                    #读取标准 JSON 文件
>>>df = pd.read_json('data.json')
>>>print(df.head())
                                                    #读取每行一个 JSON 对象的文件
>>>df = pd.read_json('data_lines.json', lines=True)
>>>print(df.head())
                                                    #指定 JSON 格式的方向
>>>df = pd.read_json('data_records.json', orient='records')
>>>print(df.head())
                                                    #读取 JSON 文件并解析日期
>>>df = pd.read_json('data.json', convert_dates=['date_column'])
>>>print(df.head())
```

2. 保存文件

（1）to_csv。

语法：DataFrame.to_csv(path_or_buf=None, sep=',', na_rep='', float_format=None, columns=None, header=True, index=True, index_label=None,mode='w', encoding=None, compression='infer',quoting=None, quotechar='"', line_terminator=None, **kwds)

to_csv 参数说明如表 9-12 所示。

表 9-12　to_csv 参数说明

参数名称	默认值	描　述
path_or_buf	None	文件路径或类文件对象，如果省略，将返回字符串
sep	','	分隔符，如逗号、分号等
na_rep	''	缺失值的表示方式
float_format	None	浮点数格式化字符串
columns	None	指定要保存的列
header	True	是否写入列名
index	True	是否写入行索引
index_label	None	行索引的列名
mode	'w'	文件打开模式，如 'w'（写）、'a'（追加）
encoding	None	文件的编码，如 'utf-8'、'gbk' 等
compression	'infer'	文件压缩类型，如 '.gzip'、'.bz2'、'.zip' 等
quoting	None	控制如何引用字段，使用 csv 模块的 QUOTE_* 常量
quotechar	'"'	引用字段的字符
line_terminator	None	行结束符

例如：

```
>>>import pandas as pd
                                    #保存为 CSV 文件，包含索引和列名
>>>df.to_csv('output.csv')
                                    #保存为 CSV 文件，不包含索引
>>>df.to_csv('output_no_index.csv', index=False)
                                    #保存为以分号分隔的 CSV 文件，并指定编码
>>>df.to_csv('output_semicolon.csv', sep=';', encoding='utf-8')
                                    #保存为 CSV 文件，指定缺失值表示
>>>df.to_csv('output_na.csv', na_rep='NULL')
```

（2）to_excel。

语法：DataFrame.to_excel(excel_writer, sheet_name='Sheet1', na_rep='', float_format=None,columns=None, header=True, index=True, index_label=None,startrow=0, startcol=0, **kwds)

to_excel 参数说明如表 9-13 所示。

表 9-13　to_excel 参数说明

参数名称	默 认 值	描　述
excel_writer	–	文件路径、ExcelWriter 对象或类文件对象
sheet_name	'Sheet1'	工作表名称
na_rep	''	缺失值的表示方式
float_format	None	浮点数格式化字符串
columns	None	指定要保存的列
header	True	是否写入列名
index	True	是否写入行索引
index_label	None	行索引的列名
startrow	0	起始行数
startcol	0	起始列数
encoding	None	文件的编码，如 'utf-8'、'gbk' 等
merge_cells	True	是否合并单元格
freeze_panes	None	冻结窗格，元组形式，如 (1, 0)

例如：

```
>>>import pandas as pd
                                        #保存为 Excel 文件，包含默认工作表名称
>>>df.to_excel('output.xlsx')
                                        #保存为 Excel 文件，指定工作表名称，不包含索引
>>>df.to_excel('output_named.xlsx', sheet_name='Employees', index=False)
                                        #保存为 Excel 文件，指定起始行和列
>>>df.to_excel('output_position.xlsx', startrow=2, startcol=1)
                                        #保存为 Excel 文件，冻结首行
>>>df.to_excel('output_freeze.xlsx', freeze_panes=(1,0))
```

（3）to_json。

语法：DataFrame.to_json(path_or_buf=None, orient='columns', date_format='epoch',double_precision=10, force_ascii=True, date_unit='ms', **kwds)

to_json 参数说明如表 9-14 所示。

表 9-14　to_json 参数说明

参数名称	默 认 值	说　明
path_or_buf	None	文件路径或类文件对象，如果省略，将返回字符串
orient	'columns'	指定 JSON 格式，如 split、records、index、columns、values
date_format	'epoch'	日期格式，如 'epoch'（时间戳）、'iso'（ISO 格式）
double_precision	10	控制浮点数的小数位数
force_ascii	True	是否强制使用 ASCII 字符编码
date_unit	'ms'	日期单位，如 'ms'（毫秒）、's'（秒）
lines	False	是否每行一个 JSON 对象，适合大文件分块读取
compression	'infer'	文件压缩类型，如 '.gzip'、'.bz2'、'.zip' 等

续表

参数名称	默 认 值	说 明
indent	None	JSON 文件的缩进级别，格式化输出
index	True	是否写入行索引
columns	None	指定要保存的列

例如：

```
>>>import pandas as pd
                                    #保存为标准 JSON 文件
>>>df.to_json('output.json', orient='columns')

                                    #保存为记录导向的 JSON 文件，每行一个 JSON 对象
>>>df.to_json('output_records.json', orient='records', lines=True)
                                    #保存为索引导向的 JSON 文件
>>>df.to_json('output_index.json', orient='index')
                                    #保存为美化格式的 JSON 文件
>>>df.to_json('output_pretty.json', orient='records', lines=True, indent=4)
```

9.3 Matplotlib 库

Matplotlib 库是一个用于创建静态、动态和交互式可视化的 Python 库。其 pyplot 模块提供了一系列的绘图命令，使得绘图操作简单直观，适用于各类数据可视化需求。

9.3.1 Matplotlib 库基础

使用 Matplotlib 库前要先安装，安装语句：pip install Matplotlib。

安装 Matplotlib 库之后就可以调用其中的各种方法进行绘图，但是在使用前要导入 Matplotlib 库。为了在绘图时引用方便，通常在导入 Matplotlib 库时会为其起一个别名。在使用 Matplotlib 库绘制图形时，使用最多的是 Matplotlib.pyplot 模块，常用的导入语句为：import Matplotlib.pyplot as plt。

在使用 Matplotlib.pyplot 进行绘图时，通常先使用 plt.figure()函数创建一个 figure 对象（也称为画布），然后使用 figure.add_subplot()函数将创建的 figure 对象划分子图。

当然也可以不划分子图，可以根据实际需要进行选择。

1. 创建画布

语法：matplotlib.pyplot.figure(num=None, figsize=None, dpi=None, facecolor=None, edgecolor=None, frameon=True, FigureClass=<class 'matplotlib.figure.Figure'>, clear=False, **kwargs)

创建画布参数说明如表 9-15 所示。

表 9-15　创建画布参数说明

参数名称	默 认 值	描　述
num	None	图形的编号或名称，如果给定的编号或名称已存在，则激活该图形
figsize	None	图形的宽度和高度，单位为英寸[(8,6) 表示 8 英寸宽，6 英寸高]
dpi	None	图形的分辨率，单位为每英寸点数（Dots Per Inch）
facecolor	None	图形的背景颜色，可以使用颜色名称、十六进制字符串或 RGB 元组
edgecolor	None	图形的边框颜色
frameon	True	是否绘制图形的边框
FigureClass	<class 'matplotlib.figure.Figure'>	用于创建图形的类，通常不需要更改
clear	False	如果设置为 True，则清除已有的图形，以便重新绘制
kwargs	—	其他传递给 Figure 构造函数的参数

2. 划分子图

语法：matplotlib.pyplot.subplot(nrows, ncols, index, **kwargs)

划分子图参数说明如表 9-16 所示。

表 9-16　划分子图参数说明

参数名称	类　型	描　述
nrows	int	子图的总行数
ncols	int	子图的总列数
index	int	当前子图的位置序号，从 1 开始按行优先顺序编号
**kwargs	其他参数	其他传递给子图的关键字参数，如 projection 等

9.3.2　折线图

折线图用于展示数据点之间的趋势和变化。

语法：matplotlib.pyplot.plot(x,y,color,linestye="-",marker,markerfacecolor,markersize, …)

折线图参数说明如表 9-17 所示。

表 9-17　折线图参数说明

参数名称	默 认 值	描　述
x	None	数据点的 x 坐标，如果未提供，则默认为数据点的索引（0, 1, 2, ...）
y	—	数据点的 y 坐标，必须提供，除非使用其他形式的数据输入
fmt	'b-'	格式字符串，用于指定线型、颜色和标记，如'ro--' 表示红色圆点虚线
label	—	折线的标签，用于图例显示
linewidth	1.5	折线的宽度
linestyle	'-'	折线的样式，如 '-'（实线）、'--'（虚线）、'-.'（点画线）、':'（点线）
color	根据默认色循环	折线的颜色，可以使用颜色名称、十六进制字符串或 RGB 元组
marker	''	数据点的标记样式，如 'o'（圆点）、's'（方块）、'^'（三角形）
markersize	6	标记的大小

续表

参数名称	默 认 值	描 述
markerfacecolor	与 color 相同	标记内部的颜色
markeredgecolor	与 color 相同	标记边缘的颜色
alpha	1.0	折线和标记的透明度，范围为 0（完全透明）到 1（完全不透明）
dash_capstyle	—	虚线端点的样式，如 'butt' 'round' 'projecting'
dash_joinstyle	—	虚线连接处的样式，如 'miter' 'round' 'bevel'
antialiased	True	是否开启抗锯齿效果
zorder	—	折线的绘制顺序，值越大，折线越在上层
fillstyle	'full'	填充样式，适用于标记，如 'full' 'left' 'right' 'bottom' 'top' 'none'

例 9-34 绘制某疾病患者血压随访问日期的变化。

参考代码：

```
import matplotlib.pyplot as plt
import pandas as pd
import numpy as np
plt.rcParams['font.sans-serif']=['SimHei']
plt.rcParams['axes.unicode_minus']=False

                                                    #示例医学患者数据
data = {
    'PatientID': [101, 102, 103, 104, 105, 106, 107, 108, 109, 110],
    'Age': [25, 34, 45, 52, 23, 36, 29, 41, 38, 35.7],
    'Gender': [0, 1, 1, 0, 0, 1, 0, 1, 1, 0],
    'Diagnosis': ['糖尿病', '高血压', '哮喘', '冠心病', '关节炎', '糖尿病', '高血压', '哮喘', '冠心病', '关节炎'],
    'BMI': [22.5, 28.3, 24.8, 30.1, 26.7, 29.4, 23.8, 27.5, 31.2, 25.0],
    'BloodPressure': [120, 130, 127.5, 140, 125, 135, 118, 128, 142, 130],
    'Smoker': [1, 0, 0, 1, 0, 0, 1, 0, 1, 0],
    'VisitDate': pd.to_datetime([
        '2023-01-15', '2023-02-20', '2023-03-10', '2023-04-05', '2023-05-18',
        '2023-06-22', '2023-07-30', '2023-08-14', '2023-09-09', '2023-10-11'
    ])
}

df = pd.DataFrame(data)
                                                    #按访问日期排序
df.sort_values('VisitDate', inplace=True)
                                                    #绘制血压随时间的变化
plt.figure(figsize=(10, 6))
plt.plot(df['VisitDate'], df['BloodPressure'], marker='o', linestyle='-', color='b')
plt.title('患者血压随访问日期的变化趋势')
plt.xlabel('访问日期')
plt.ylabel('血压 (mmHg)')
plt.grid(True)
```

```
plt.xticks(rotation=45)
plt.tight_layout()
plt.show()
```

运行结果如图 9-2 所示。

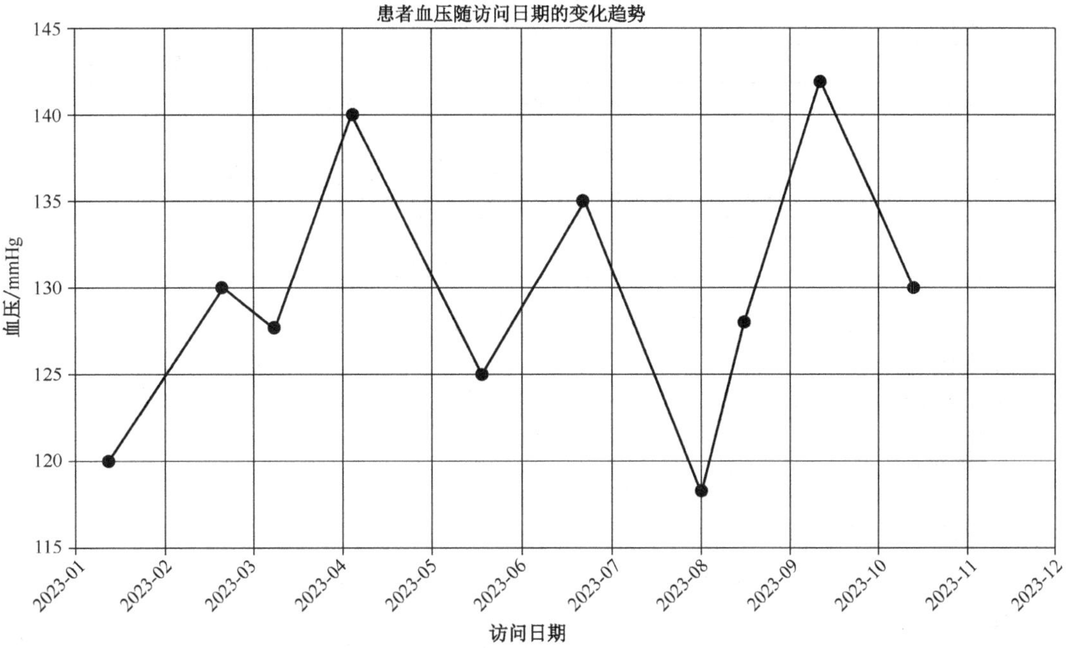

图 9-2　例 9-34 运行结果图

9.3.3　柱状图

柱状图适用于比较不同类别之间的数值。

语法：matplotlib.pyplot.bar(x, height, width, bottom=None, align='center', …)

柱状图参数说明如表 9-18 所示。

表 9-18　柱状图参数说明

参数名称	默 认 值	描　述
x	—	柱子的 x 坐标位置，可以是类别名称或数值
height	—	各个柱子的高度（y 轴值）
width	0.8	柱子的宽度
bottom	None	柱子底部的起始位置，可用于堆叠柱状图
align	'center'	柱子对齐方式，选项包括 'center'、'edge'
color	None	柱子的颜色，可以是单一颜色或每个柱子的颜色列表
edgecolor	'black'	柱子的边框颜色
linewidth	None	柱子边框的宽度

续表

参数名称	默 认 值	描 述
tick_label	None	x 轴刻度标签
label	None	柱子的标签，用于图例显示
hatch	None	柱子填充的图案，如 '/'、'\\'、''
alpha	1.0	柱子的透明度，范围为 0（完全透明）到 1（完全不透明）
align	'center'	柱子的对齐方式，选择 'center' 或 'edge'
zorder	None	柱子的绘制顺序，值越大，柱子越在上层
error_kw	None	误差条的参数字典，适用于绘制带误差条的柱状图
yerr	None	在 y 方向上的误差条长度
xerr	None	在 x 方向上的误差条长度

例 9-35 绘制不同诊断类型的患者数量柱状图。

参考代码：

```
import matplotlib.pyplot as plt
import pandas as pd
import numpy as np
plt.rcParams['font.sans-serif']=['SimHei']
plt.rcParams['axes.unicode_minus']=False

                                        #示例医学患者数据
data = {
    'PatientID': [101, 102, 103, 104, 105, 106, 107, 108, 109, 110],
    'Age': [25, 34, 45, 52, 23, 36, 29, 41, 38, 35.7],
    'Gender': [0, 1, 1, 0, 0, 1, 0, 1, 1, 0],
    'Diagnosis': ['糖尿病', '高血压', '哮喘', '冠心病', '关节炎', '糖尿病', '高血压', '哮喘', '冠心病', '关节炎'],
    'BMI': [22.5, 28.3, 24.8, 30.1, 26.7, 29.4, 23.8, 27.5, 31.2, 25.0],
    'BloodPressure': [120, 130, 127.5, 140, 125, 135, 118, 128, 142, 130],
    'Smoker': [1, 0, 0, 1, 0, 0, 1, 0, 1, 0],
    'VisitDate': pd.to_datetime([
        '2023-01-15', '2023-02-20', '2023-03-10', '2023-04-05', '2023-05-18',
        '2023-06-22', '2023-07-30', '2023-08-14', '2023-09-09', '2023-10-11'
    ])
}
df = pd.DataFrame(data)

                                        #按诊断类型计数
diagnosis_counts = df['Diagnosis'].value_counts()

                                        #绘制柱状图
plt.figure(figsize=(8, 6))
diagnosis_counts.plot(kind='bar', color='skyblue', edgecolor='k')
plt.title('不同诊断类型的患者数量')
plt.xlabel('诊断类型')
plt.ylabel('患者数量')
plt.xticks(rotation=0)
```

```
plt.grid(axis='y')
plt.tight_layout()
plt.show()
```

运行结果如图 9-3 所示。

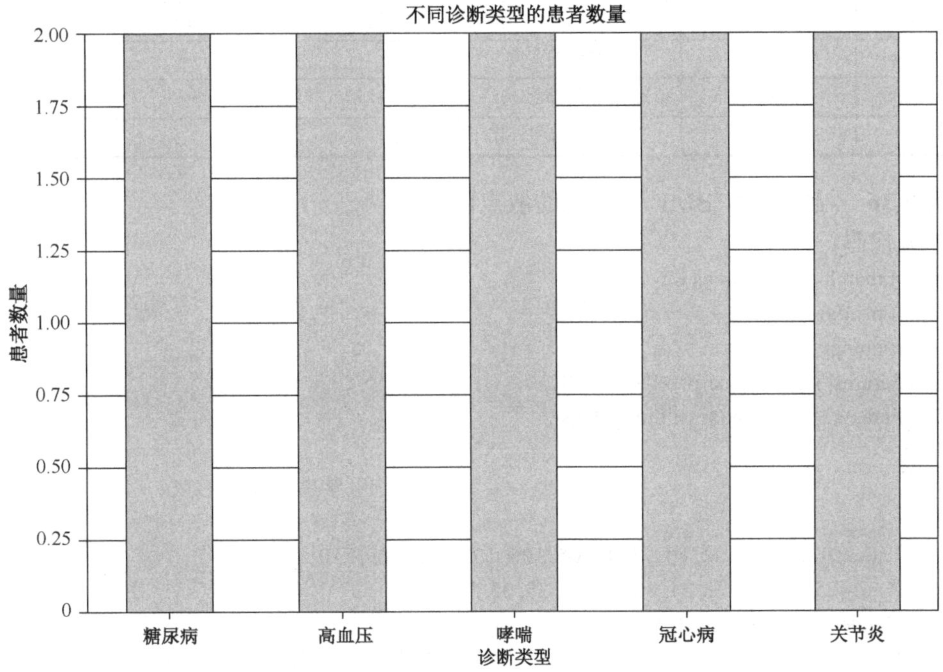

图 9-3　例 9-35 运行结果图

9.3.4　散点图

散点图用于展示两个变量之间的关系，通过在坐标系中绘制点来表示数据点的位置。

语法：matplotlib.pyplot.scatter(x,y,s=None,c=None,marker=None,cmap=None, norm=None, vmin=None,vmax=None,alpha=None,linewidths=None, edgecolors=None, …)

散点图参数说明如表 9-19 所示。

表 9-19　散点图参数说明

参数名称	默 认 值	描　　述
x	—	数据点的 x 坐标
y	—	数据点的 y 坐标
s	20	点的大小，可以是单一数值或与数据点数量相同的数组
c	'b' 或 None	点的颜色，可以是单一颜色、颜色序列或数值序列用于映射颜色
marker	'o'	点的形状，常用标记包括 'o'（圆形）、's'（方形）、'^'（三角形）等
cmap	None	颜色映射，用于 c 是数值序列时的颜色映射方案，如 'viridis'
norm	None	用于将 c 的数值归一化

续表

参数名称	默 认 值	描　述
vmin	None	*c* 数值的最小值，用于颜色映射
vmax	None	*c* 数值的最大值，用于颜色映射
alpha	1.0	点的透明度，范围为 0（完全透明）到 1（完全不透明）
linewidths	1	点边缘线的宽度
edgecolors	'face'	点边缘的颜色
label	None	散点图的标签，用于图例显示

例 9-36　绘制患者 BMI 与血压的散点图。

参考代码：

```
import matplotlib.pyplot as plt
import pandas as pd
import numpy as np
plt.rcParams['font.sans-serif']=['SimHei']
plt.rcParams['axes.unicode_minus']=False

                                        #示例医学患者数据
data = {
    'PatientID': [101, 102, 103, 104, 105, 106, 107, 108, 109, 110],
    'Age': [25, 34, 45, 52, 23, 36, 29, 41, 38, 35.7],
    'Gender': [0, 1, 1, 0, 0, 1, 0, 1, 1, 0],
    'Diagnosis': ['糖尿病', '高血压', '哮喘', '冠心病', '关节炎', '糖尿病', '高血压', '哮喘', '冠心病', '关节炎'],
    'BMI': [22.5, 28.3, 24.8, 30.1, 26.7, 29.4, 23.8, 27.5, 31.2, 25.0],
    'BloodPressure': [120, 130, 127.5, 140, 125, 135, 118, 128, 142, 130],
    'Smoker': [1, 0, 0, 1, 0, 0, 1, 0, 1, 0],
    'VisitDate': pd.to_datetime([
        '2023-01-15', '2023-02-20', '2023-03-10', '2023-04-05', '2023-05-18',
        '2023-06-22', '2023-07-30', '2023-08-14', '2023-09-09', '2023-10-11'
    ])
}
df = pd.DataFrame(data)
                                        #绘制 BMI 与血压的散点图
plt.figure(figsize=(10, 6))
plt.scatter(df['BMI'], df['BloodPressure'], c='green', alpha=0.7, edgecolors='w', s=100)
plt.title('患者 BMI 与血压的关系')
plt.xlabel('BMI')
plt.ylabel('血压 (mmHg)')
plt.grid(True)
plt.tight_layout()
plt.show()
```

运行结果如图 9-4 所示。

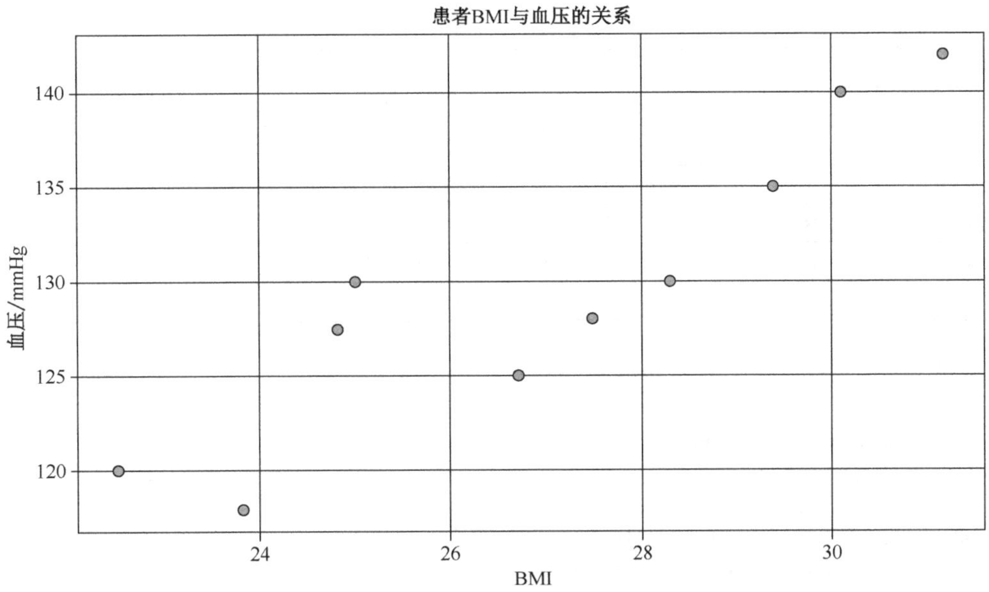

图 9-4 例 9-36 运行结果图

9.3.5 直方图

直方图用于显示数据分布的频率，通过将数据分组（称为“bins”）并计数每个组中的数据点数量。

语法：matplotlib.pyplot.hist(x, bins='auto', range=None, density=False, weights=None, cumulative = False, bottom=None, histtype='bar', align='mid', orientation='vertical', rwidth= None, log=False, color=None, label=None, stacked=False, **kwargs)

直方图参数说明如表 9-20 所示。

表 9-20 直方图参数说明

参数名称	默 认 值	描 述
x	—	用于绘制直方图的数据序列
bins	'auto'	定义直方图的箱数或箱的边界，可以是整数、序列或字符串（'auto'、'fd'）
range	None	直方图的范围 (min, max)，用于限定数据的范围
density	False	如果为 True，则直方图会展示概率密度而非频数
weights	None	每个数据点的权重，用于加权计数
cumulative	False	如果为 True，则直方图将展示累积频数或累积概率密度
bottom	None	条形的底部位置，可用于堆叠直方图
histtype	'bar'	直方图的类型，选项包括 'bar'（标准的条形直方图）、'barstacked'（堆叠式条形直方图）、'step'（空心线条直方图）、'stepfilled'（填充线条直方图）
align	'mid'	条形与 bin 边界的对齐方式，选项为 'left'、'mid' 或 'right'
orientation	'vertical'	直方图的方向，选项为 'vertical'（垂直条形）或 'horizontal'（水平条形）

续表

参数名称	默 认 值	描 述
rwidth	None	条形宽度的相对比例(0, 1)，当指定时，会覆盖 width 属性
log	False	如果为 True，则 y 轴为对数刻度
color	None	直方图条形的颜色，可以是单一颜色或颜色序列
label	None	直方图的标签，用于图例显示
stacked	False	如果为 True，多个数据系列会堆叠绘制在一起
**kwargs	—	其他绘图属性，如 edgecolor、linewidth 等

例 9-37 绘制患者年龄分布的直方图。

参考代码：

```
import matplotlib.pyplot as plt
import pandas as pd
import numpy as np
plt.rcParams['font.sans-serif']=['SimHei']
plt.rcParams['axes.unicode_minus']=False
                                                    #示例医学患者数据
data = {
    'PatientID': [101, 102, 103, 104, 105, 106, 107, 108, 109, 110],
    'Age': [25, 34, 45, 52, 23, 36, 29, 41, 38, 35.7],
    'Gender': [0, 1, 1, 0, 0, 1, 0, 1, 1, 0],
    'Diagnosis': ['糖尿病', '高血压', '哮喘', '冠心病', '关节炎', '糖尿病', '高血压', '哮喘', '冠心病', '关节炎'],
    'BMI': [22.5, 28.3, 24.8, 30.1, 26.7, 29.4, 23.8, 27.5, 31.2, 25.0],
    'BloodPressure': [120, 130, 127.5, 140, 125, 135, 118, 128, 142, 130],
    'Smoker': [1, 0, 0, 1, 0, 0, 1, 0, 1, 0],
    'VisitDate': pd.to_datetime([
        '2023-01-15', '2023-02-20', '2023-03-10', '2023-04-05', '2023-05-18',
        '2023-06-22', '2023-07-30', '2023-08-14', '2023-09-09', '2023-10-11'
    ])
}

df = pd.DataFrame(data)
                                                    #绘制年龄分布的直方图
plt.figure(figsize=(10, 6))
plt.hist(df['Age'], bins=5, color='purple', edgecolor='black', alpha=0.7)
plt.title('患者年龄分布')
plt.xlabel('年龄/岁')
plt.ylabel('频数')
plt.grid(axis='y')
plt.tight_layout()
plt.show()
```

运行结果如图 9-5 所示。

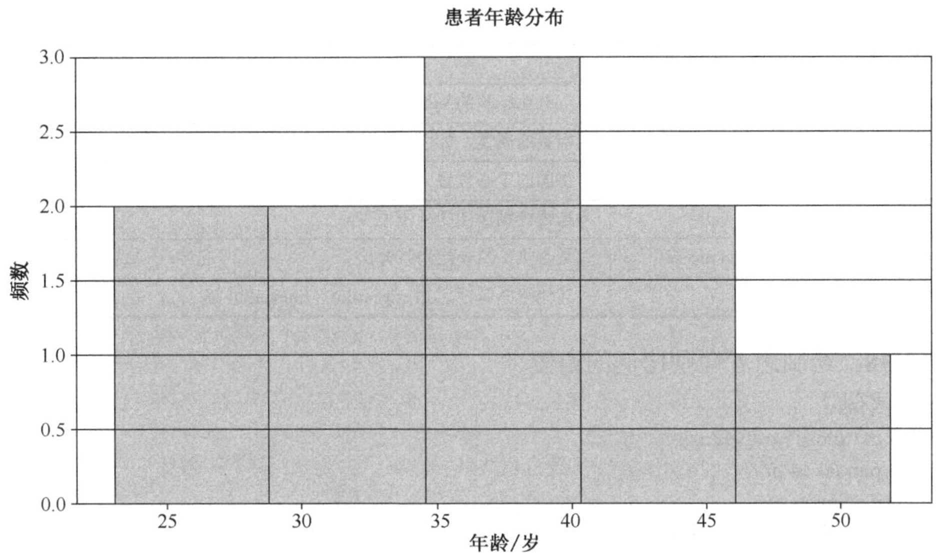

图 9-5　例 9-37 运行结果图

9.3.6　饼图

饼图用于显示各部分占总体的比例，通过扇形的角度和面积来表示比例大小。

语法：matplotlib.pyplot.pie(x, labels=None, colors=None, autopct=None, pctdistance=0.6, labeldistance=1.1, explode=None, shadow=False, labelrotation=None, radius=1, counterclock= True, startangle=None, pctprops=None, textprops=None, center=(0,0), frame=False, normalize= True, **kwargs)

饼图参数说明如表 9-21 所示。

表 9-21　饼图参数说明

参数名称	默 认 值	描　　述
x	—	各部分的数值，可以是绝对值或百分比
labels	None	每个扇区的标签
colors	None	扇区的颜色，可以是单一颜色或颜色序列
autopct	None	格式字符串或函数，用于显示扇区的百分比
pctdistance	0.6	百分比文本距圆心的距离，0 到 1 之间
labeldistance	1.1	标签距圆心的距离，0 到 1 之间
explode	None	各扇区的偏移量，可以是与 x 长度相同的数组，用于突出某些扇区
shadow	False	是否添加阴影效果
labelrotation	None	标签的旋转角度
radius	1	饼图的半径
counterclock	True	是否逆时针绘制饼图
startangle	None	饼图起始绘制的角度，顺时针方向

续表

参数名称	默 认 值	描 述
pctprops	None	百分比标签的属性，如字体大小、颜色等
textprops	None	标签的属性，如字体大小、颜色等
center	(0,0)	饼图的中心位置
frame	False	是否绘制饼图的外围框架
normalize	True	是否将 x 归一化为百分比
**kwargs	—	其他绘图属性，如 edgecolor、linewidth 等

例 9-38 绘制患者性别比例的饼图。

参考代码：

```
import matplotlib.pyplot as plt
import pandas as pd
import numpy as np
plt.rcParams['font.sans-serif']=['SimHei']
plt.rcParams['axes.unicode_minus']=False
                                                #示例医学患者数据
data = {
    'PatientID': [101, 102, 103, 104, 105, 106, 107, 108, 109, 110],
    'Age': [25, 34, 45, 52, 23, 36, 29, 41, 38, 35.7],
    'Gender': [0, 1, 1, 0, 0, 1, 0, 1, 1, 0],
    'Diagnosis': ['糖尿病', '高血压', '哮喘', '冠心病', '关节炎', '糖尿病', '高血压', '哮喘', '冠心病', '关节炎'],
    'BMI': [22.5, 28.3, 24.8, 30.1, 26.7, 29.4, 23.8, 27.5, 31.2, 25.0],
    'BloodPressure': [120, 130, 127.5, 140, 125, 135, 118, 128, 142, 130],
    'Smoker': [1, 0, 0, 1, 0, 0, 1, 0, 1, 0],
    'VisitDate': pd.to_datetime([
        '2023-01-15', '2023-02-20', '2023-03-10', '2023-04-05', '2023-05-18',
        '2023-06-22', '2023-07-30', '2023-08-14', '2023-09-09', '2023-10-11'
    ])
}

df = pd.DataFrame(data)
                                                #统计性别分布
gender_counts = df['Gender'].value_counts()
gender_labels = ['女性', '男性']
                                                #绘制饼图
plt.figure(figsize=(8, 8))
plt.pie(gender_counts,labels=gender_labels,autopct='%1.1f%%', startangle=140, colors=['pink', 'lightblue'])
plt.title('患者性别比例')
plt.axis('equal')                               #保证饼图为圆形
plt.tight_layout()
plt.show()
```

运行结果如图 9-6 所示。

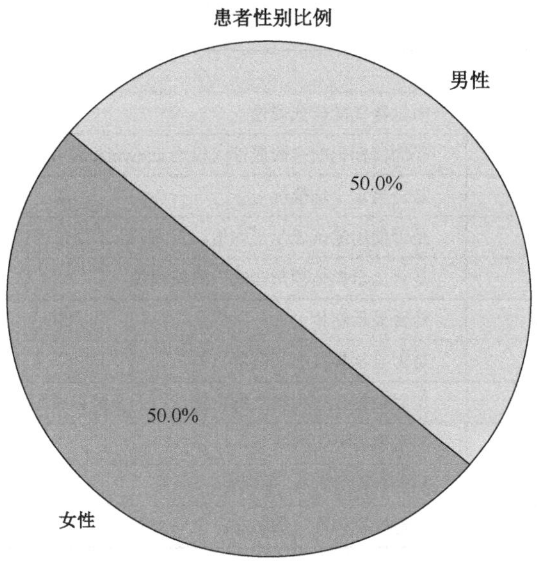

图 9-6 例 9-38 运行结果图

9.3.7 箱线图

箱线图用于展示数据集的分布情况，包括中位数、四分位数、异常值等信息。

语法：matplotlib.pyplot.boxplot(x, notch=None, vert=True, patch_artist=False, widths=None, labels=None, flierprops=None, boxprops=None, whiskerprops=None, capprops=None, medianprops = None,meanprops=None,showmeans=False, meanline=False, showcaps=True, showbox = True, showfliers=True, autorange=False, bootstrap=None, usermedians=None, conf_intervals=None,positions=None,sym=None, manage_xticks=True, **kwargs)

箱线图参数说明如表 9-22 所示。

表 9-22 箱线图参数说明

参数名称	默 认 值	描 述
x	—	用于绘制箱线图的数据序列，可以是多组数据的列表或数组
notch	False	是否绘制缺口，缺口表示中位数的置信区间
vert	True	是否垂直绘制箱线图，设置为 False 时，绘制水平方向的箱线图
patch_artist	False	如果为 True，则绘制填充的箱体，便于设置颜色等属性
widths	0.5	箱体的宽度，可以是单一数值或与数据组数相同的数组
labels	None	每组数据的标签
flierprops	None	异常值（离群点）的样式属性，常用属性有 marker、color、markerfacecolor 等
boxprops	None	箱体的样式属性，包括颜色、填充等
whiskerprops	None	须的样式属性
capprops	None	箱体顶端和底端鞭须线的样式属性

续表

参数名称	默 认 值	描 述
medianprops	None	中位数线的样式属性
meanprops	None	平均值标记的样式属性（仅当 showmeans=True 时有效）
showmeans	False	是否显示平均值标记
meanline	False	是否使用线条表示平均值，若为 False 则使用标记
showcaps	True	是否显示箱体顶部和底部的鞭须线
showbox	True	是否显示箱体
showfliers	True	是否显示异常值（离群点）
positions	None	每组数据在坐标轴上的位置，用于多组箱线图的绘制
sym	'b+'	异常值的标记样式
manage_xticks	True	是否自动管理 x 轴刻度
**kwargs	—	其他绘图属性，如 zorder 控制绘图顺序等

例 9-39 绘制不同诊断类型患者的 BMI 箱线图。

参考代码：

```
import matplotlib.pyplot as plt
import pandas as pd
import numpy as np
plt.rcParams['font.sans-serif']=['SimHei']
plt.rcParams['axes.unicode_minus']=False
                                                    #示例医学患者数据
data = {
    'PatientID': [101, 102, 103, 104, 105, 106, 107, 108, 109, 110],
    'Age': [25, 34, 45, 52, 23, 36, 29, 41, 38, 35.7],
    'Gender': [0, 1, 1, 0, 0, 1, 0, 1, 1, 0],
    'Diagnosis': ['糖尿病', '高血压', '哮喘', '冠心病', '关节炎', '糖尿病', '高血压', '哮喘', '冠心病', '关节炎'],
    'BMI': [22.5, 28.3, 24.8, 30.1, 26.7, 29.4, 23.8, 27.5, 31.2, 25.0],
    'BloodPressure': [120, 130, 127.5, 140, 125, 135, 118, 128, 142, 130],
    'Smoker': [1, 0, 0, 1, 0, 0, 1, 0, 1, 0],
    'VisitDate': pd.to_datetime([
        '2023-01-15', '2023-02-20', '2023-03-10', '2023-04-05', '2023-05-18',
        '2023-06-22', '2023-07-30', '2023-08-14', '2023-09-09', '2023-10-11'
    ])
}
df = pd.DataFrame(data)
                                                    #准备数据
diagnosis_categories = df['Diagnosis'].unique()
bmi_data = [df[df['Diagnosis'] == diag]['BMI'] for diag in diagnosis_categories]

                                                    #绘制箱线图
plt.figure(figsize=(10, 6))
plt.boxplot(bmi_data, labels=diagnosis_categories, patch_artist=True,
            boxprops=dict(facecolor='lightgreen', color='darkgreen'),
            medianprops=dict(color='red'))
```

```
plt.title('不同诊断类型患者的 BMI 分布')
plt.xlabel('诊断类型')
plt.ylabel('BMI')
plt.grid(axis='y')
plt.tight_layout()
plt.show()
```

运行结果如图 9-7 所示。

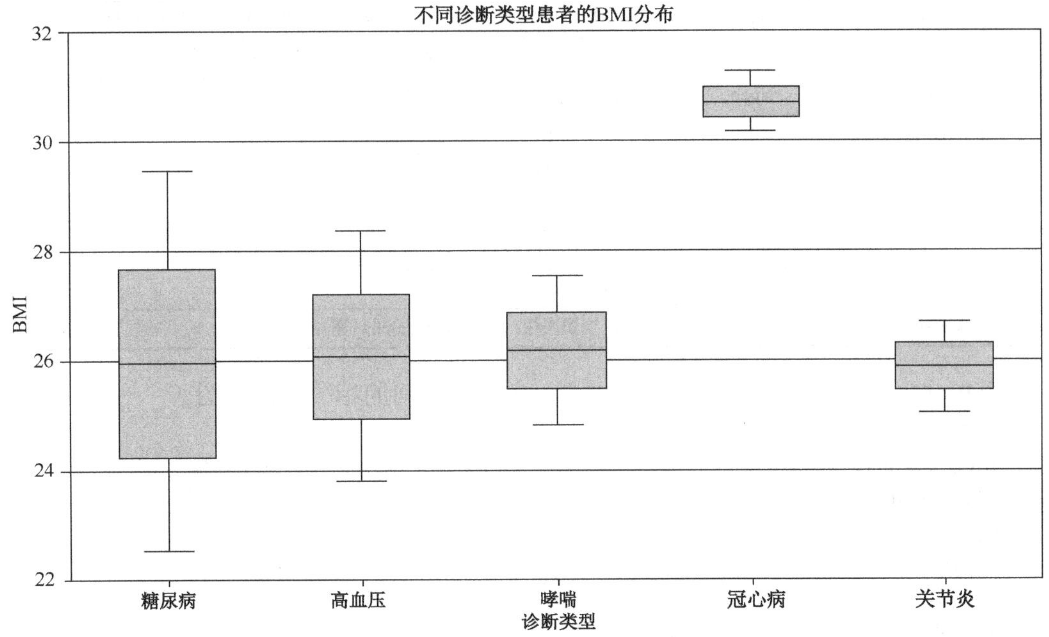

图 9-7　例 9-39 运行结果图

9.3.8　热力图

热力图用于展示矩阵数据的值，通过颜色深浅来表示数值大小，常用于相关性分析、数据分布等场景。

语法：matplotlib.pyplot.imshow(X,cmap=None,norm=None,aspect=None, interpolation=None, alpha=None, vmin=None, vmax=None, origin=None, extent=None, interpolation_stage=None, filternorm=1, filternodata=1, resample=None, url=None, hold=None, **kwargs)

热力图参数说明如表 9-23 所示。

表 9-23　热力图参数说明

参数名称	默 认 值	描　　述
X	—	用于绘制热力图的二维数组或矩阵
cmap	'viridis'	颜色映射方案，用于将数值映射到颜色，常用的有 'hot' 和 'coolwarm' 等
norm	None	用于将数据规范化到 [0,1] 范围内
aspect	'auto'	热力图的纵横比。'auto' 表示根据数据自动调整

续表

参数名称	默 认 值	描 述
interpolation	'nearest'	图像插值方法，影响图像平滑度，选项包括 'none'、'nearest'、'bilinear' 等
alpha	1.0	图像的透明度，范围为 0（完全透明）到 1（完全不透明）
vmin	None	映射到色图中颜色的最小数据值
vmax	None	映射到色图中颜色的最大数据值
origin	'upper'	图像数据的原点位置，'upper' 表示左上角，'lower' 表示左下角
extent	None	数据范围在 x 轴和 y 轴上的边界 (xmin, xmax, ymin, ymax)
interpolation_stage	None	插值阶段，通常不需要设置
filternorm	1	是否在插值时应用归一化过滤器
filternodata	1	是否在插值时过滤数据
resample	None	是否进行重新采样
url	None	图像的 URL 链接
hold	None	是否保持之前的绘图状态
**kwargs	—	其他绘图属性，如 extent、alpha 等

例 9-40 绘制健康指标（年龄、BMI、血压）之间的相关性热力图。

参考代码：

```
import matplotlib.pyplot as plt
import pandas as pd
import numpy as np
import seaborn as sns
plt.rcParams['font.sans-serif']=['SimHei']
plt.rcParams['axes.unicode_minus']=False

                                             #示例医学患者数据
data = {
    'PatientID': [101, 102, 103, 104, 105, 106, 107, 108, 109, 110],
    'Age': [25, 34, 45, 52, 23, 36, 29, 41, 38, 35.7],
    'Gender': [0, 1, 1, 0, 0, 1, 0, 1, 1, 0],
    'Diagnosis': ['糖尿病', '高血压', '哮喘', '冠心病', '关节炎', '糖尿病', '高血压', '哮喘', '冠心病', '关节炎'],
    'BMI': [22.5, 28.3, 24.8, 30.1, 26.7, 29.4, 23.8, 27.5, 31.2, 25.0],
    'BloodPressure': [120, 130, 127.5, 140, 125, 135, 118, 128, 142, 130],
    'Smoker': [1, 0, 0, 1, 0, 0, 1, 0, 1, 0],
    'VisitDate': pd.to_datetime([
        '2023-01-15', '2023-02-20', '2023-03-10', '2023-04-05', '2023-05-18',
        '2023-06-22', '2023-07-30', '2023-08-14', '2023-09-09', '2023-10-11'
    ])
}
df = pd.DataFrame(data)
                                             #计算相关性矩阵
corr_matrix = df[['Age', 'BMI', 'BloodPressure']].corr()

                                             #绘制热力图
plt.figure(figsize=(8, 6))
```

```
sns.heatmap(corr_matrix, annot=True, cmap='coolwarm', fmt=".2f")
plt.title('健康指标之间的相关性热力图')
plt.tight_layout()
plt.show()
```

运行结果如图 9-8 所示。

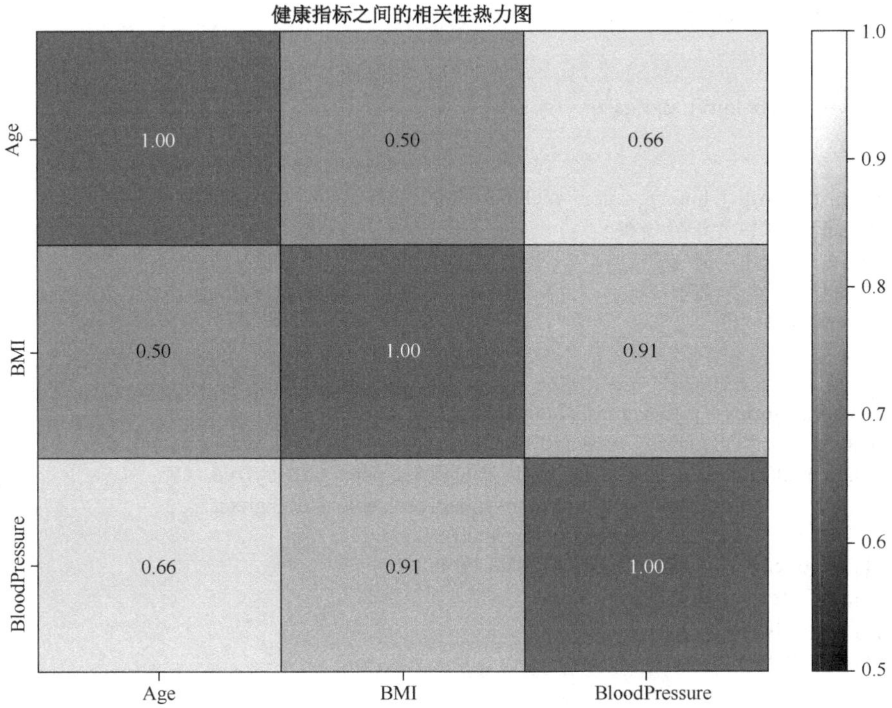

图 9-8　例 9-40 运行结果图

例 9-41　同时绘制年龄分布直方图和 BMI 分布箱线图。

参考代码：

```
import matplotlib.pyplot as plt
import pandas as pd
import numpy as np
import seaborn as sns
plt.rcParams['font.sans-serif']=['SimHei']
plt.rcParams['axes.unicode_minus']=False

                                        #示例医学患者数据
data = {
    'PatientID': [101, 102, 103, 104, 105, 106, 107, 108, 109, 110],
    'Age': [25, 34, 45, 52, 23, 36, 29, 41, 38, 35.7],
    'Gender': [0, 1, 1, 0, 0, 1, 0, 1, 1, 0],
    'Diagnosis': ['糖尿病', '高血压', '哮喘', '冠心病', '关节炎', '糖尿病', '高血压', '哮喘', '冠心病', '关节炎'],
    'BMI': [22.5, 28.3, 24.8, 30.1, 26.7, 29.4, 23.8, 27.5, 31.2, 25.0],
    'BloodPressure': [120, 130, 127.5, 140, 125, 135, 118, 128, 142, 130],
    'Smoker': [1, 0, 0, 1, 0, 0, 1, 0, 1, 0],
```

```
    'VisitDate': pd.to_datetime([
        '2023-01-15', '2023-02-20', '2023-03-10', '2023-04-05', '2023-05-18',
        '2023-06-22', '2023-07-30', '2023-08-14', '2023-09-09', '2023-10-11'
    ])
}

df = pd.DataFrame(data)

                                                    #创建子图
fig, axes = plt.subplots(1, 2, figsize=(14, 6))

                                                    #绘制年龄直方图
axes[0].hist(df['Age'], bins=5, color='skyblue', edgecolor='black', alpha=0.7)
axes[0].set_title('患者年龄分布')
axes[0].set_xlabel('年龄/岁')
axes[0].set_ylabel('频数')
axes[0].grid(axis='y')

                                                    #绘制 BMI 箱线图
diagnosis_categories = df['Diagnosis'].unique()
bmi_data = [df[df['Diagnosis'] == diag]['BMI'] for diag in diagnosis_categories]
axes[1].boxplot(bmi_data, labels=diagnosis_categories, patch_artist=True,
                boxprops=dict(facecolor='lightgreen', color='darkgreen'),
                medianprops=dict(color='red'))
axes[1].set_title('不同诊断类型患者的 BMI 分布')
axes[1].set_xlabel('诊断类型')
axes[1].set_ylabel('BMI')
axes[1].grid(axis='y')

plt.tight_layout()
plt.show()
```

运行结果如图 9-9 所示。

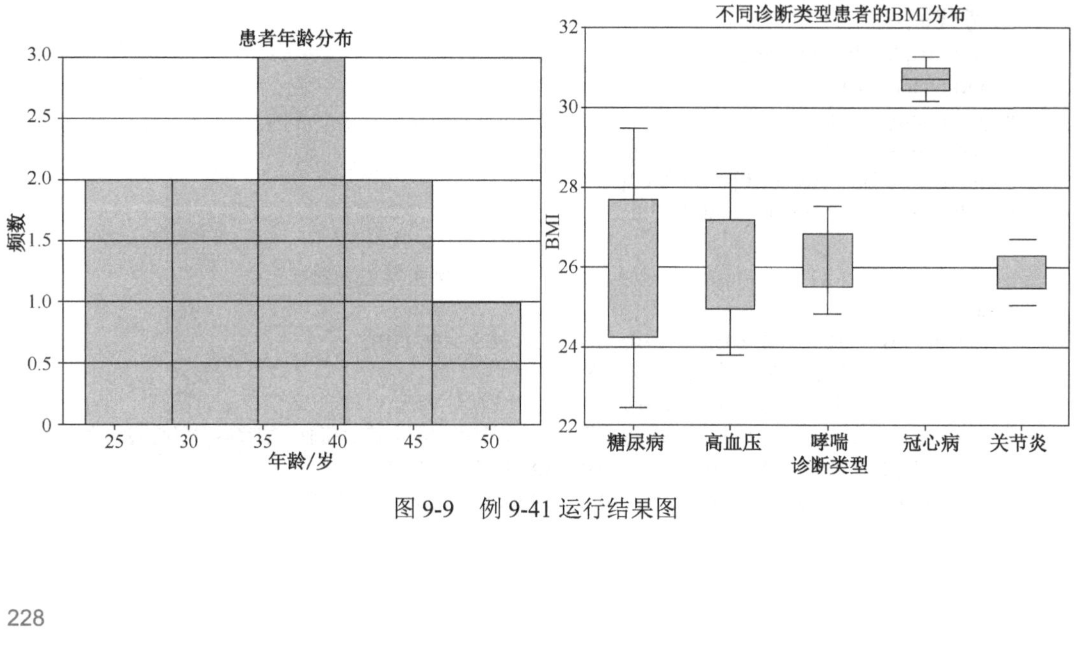

图 9-9　例 9-41 运行结果图

9.4 scikit-learn 库

scikit-learn（sklearn）库是一个基于 Python 的开源机器学习库，它建立在 NumPy 库、SciPy 和 Matplotlib 之上，提供了简单且高效的数据挖掘和数据分析工具。scikit-learn 的目标是使机器学习非专家用户也能轻松访问，因此它的 API 设计得非常直观，文档详尽，非常适合初学者入门。其主要功能如下。

1. 监督学习算法

（1）分类：支持向量机（SVM）、决策树、随机森林、K 近邻（KNN）、朴素贝叶斯等。

（2）回归：线性回归、岭回归、Lasso 回归、弹性网、支持向量回归（SVR）等。

2. 无监督学习算法

（1）聚类：K 均值、层次聚类、DBSCAN 等。

（2）降维：主成分分析（PCA）、线性判别分析（LDA）、t-SNE 等。

3. 模型选择与评估

（1）交叉验证、网格搜索、随机搜索。

（2）各种评估指标如准确率、精确率、召回率、F1 分数、ROC 曲线等。

4. 数据预处理

标准化、归一化、缺失值处理、特征编码（独热编码、标签编码）等。

scikit-learn 库的设计哲学强调了模块化和一致性，使得不同组件可以轻松地组合在一起，构建起复杂的机器学习流水线。无论是新手还是有经验的数据科学家，都可以从中受益。

接下来我们将展示如何使用 scikit-learn 库来进行简单的机器学习任务——鸢尾花数据集分类。这个例子会涵盖数据加载、预处理、模型训练和评估等多个步骤。

```
#导入所需的库
from sklearn import datasets
from sklearn.model_selection import train_test_split
from sklearn.preprocessing import StandardScaler
from sklearn.neighbors import KNeighborsClassifier
from sklearn.metrics import accuracy_score, classification_report, confusion_matrix

#加载鸢尾花数据集
iris = datasets.load_iris()
X = iris.data        #特征
y = iris.target      #标签

#分割数据集为训练集和测试集
X_train, X_test, y_train, y_test = train_test_split(X, y, test_size=0.3, random_state=1, stratify=y)

#标准化特征值
sc = StandardScaler()
sc.fit(X_train)
```

```
X_train_std = sc.transform(X_train)
X_test_std = sc.transform(X_test)

                                    #使用 K 近邻算法进行分类
knn = KNeighborsClassifier(n_neighbors=5, p=2, metric='minkowski')
knn.fit(X_train_std, y_train)
                                    #预测测试集的结果
y_pred = knn.predict(X_test_std)
                                    #打印准确率
print('Accuracy: %.2f' % accuracy_score(y_test, y_pred))

                                    #打印详细的分类报告
print("Classification Report:")
print(classification_report(y_test, y_pred, target_names=iris.target_names))

                                    #打印混淆矩阵
print("Confusion Matrix:")
print(confusion_matrix(y_test, y_pred))
```

在这个例子中，首先导入了所需的库，其次加载鸢尾花数据集，然后将数据集分割为训练集和测试集，并对特征值进行了标准化处理，最后选择了 K 近邻算法作为我们的模型，并计算了模型在测试集上的准确率、分类报告和混淆矩阵。这些评价指标可以更全面的展现模型的数据。

9.5 PyTorch 库

PyTorch 库是由 Facebook 的人工智能研究实验室开发的一个深度学习框架。它以灵活性和速度著称，能够轻松地从研究原型过渡到生产部署。PyTorch 库提供了动态计算图机制，这使得调试更加方便，并且可以更自然地表达复杂的网络结构。其特点如下。

张量计算：类似 NumPy 库的张量操作，但支持 GPU 加速。

自动微分：内置了高效的自动求导系统，简化了梯度计算。

灵活的神经网络构建：通过定义层来构建自定义的深度学习模型。

丰富的生态系统：拥有大量的预训练模型、工具包及社区贡献的扩展功能。

PyTorch 库不仅适用于学术研究，还广泛应用于工业界的各种项目中。其简洁的 API 和强大的性能使其成为许多研究人员和工程师的首选工具。

现在转向 PyTorch 库，并通过手写数字识别（MNIST）的例子来了解它是如何工作的。此示例展示了如何构建一个简单的卷积神经网络（CNN），并在 MNIST 数据集上训练该模型。

```
import torch
import torch.nn as nn
import torch.optim as optim
import torchvision.transforms as transforms
```

```
from torchvision.datasets import MNIST
from torch.utils.data import DataLoader

#定义一个简单的卷积神经网络
class SimpleCNN(nn.Module):
    def __init__(self):
        super(SimpleCNN, self).__init__()
        self.conv1 = nn.Conv2d(1, 16, kernel_size=5, stride=1, padding=2)
        self.pool = nn.MaxPool2d(kernel_size=2, stride=2, padding=0)
        self.fc1 = nn.Linear(16 * 14 * 14, 128)
        self.fc2 = nn.Linear(128, 10)

    def forward(self, x):
        x = self.pool(torch.relu(self.conv1(x)))
        x = x.view(-1, 16 * 14 * 14)
        x = torch.relu(self.fc1(x))
        x = self.fc2(x)
        return x

#设置设备（CPU 或 GPU）
device = torch.device("cuda" if torch.cuda.is_available() else "cpu")

#数据预处理
transform = transforms.Compose([transforms.ToTensor(), transforms.Normalize((0.5,), (0.5,))])

#加载 MNIST 数据集
train_dataset = MNIST(root='./data', train=True, transform=transform, download=True)
test_dataset = MNIST(root='./data', train=False, transform=transform)

train_loader = DataLoader(dataset=train_dataset, batch_size=64, shuffle=True)
test_loader = DataLoader(dataset=test_dataset, batch_size=1000, shuffle=False)

#初始化模型、损失函数和优化器
model = SimpleCNN().to(device)
criterion = nn.CrossEntropyLoss()
optimizer = optim.Adam(model.parameters(), lr=0.001)

#训练模型
num_epochs = 5
for epoch in range(num_epochs):
    model.train()          #切换到训练模式
    for i, (images, labels) in enumerate(train_loader):
        images = images.to(device)
        labels = labels.to(device)

        #前向传播
        outputs = model(images)
        loss = criterion(outputs, labels)
```

```
#反向传播和优化
optimizer.zero_grad()
loss.backward()
optimizer.step()

if (i+1) % 100 == 0:
    print(f'Epoch [{epoch+1}/{num_epochs}], Step [{i+1}/{len(train_loader)}], Loss: {loss.item():.4f}')

#测试模型
model.eval()                 #切换到评估模式
with torch.no_grad():
    correct = 0
    total = 0
    for images, labels in test_loader:
        images = images.to(device)
        labels = labels.to(device)
        outputs = model(images)
        _, predicted = torch.max(outputs.data, 1)
        total += labels.size(0)
        correct += (predicted == labels).sum().item()

    print(f'Accuracy of the model on the 10000 test images: {100 * correct / total:.2f}%')

#保存模型
torch.save(model.state_dict(), 'simple_cnn.pth')
```

代码首先定义了一个简单的卷积神经网络（CNN）；其次设置了训练和测试数据的加载方式，并初始化了模型、损失函数和优化器；然后在训练阶段，代码执行了前向传播、计算损失值、反向传播及参数更新的过程；最后代码在测试阶段，评估了模型的表现，并输出了最终的准确率。此外，代码还展示了如何保存训练好的模型，以便后续可以加载和继续训练或直接用于推理。

9.6 实操案例

9.6.1 sklearn 的波士顿房价预测

除了分类问题，scikit-learn 库同样适用于回归任务。以下是一个使用波士顿房价数据集进行线性回归预测的例子。

```
#导入必要的库
from sklearn import datasets
from sklearn.model_selection import train_test_split
from sklearn.linear_model import LinearRegression
from sklearn.metrics import mean_squared_error, r2_score
```

```
                                    #加载波士顿房价数据集
boston = datasets.load_boston()
X = boston.data                     #特征
y = boston.target                   #标签

                                    #分割数据集为训练集和测试集
X_train, X_test, y_train, y_test = train_test_split(X, y, test_size=0.3, random_state=1)

                                    #创建线性回归模型
lr = LinearRegression()
lr.fit(X_train, y_train)

                                    #预测测试集的结果
y_pred = lr.predict(X_test)

                                    #打印均方误差和 R^2 得分
print('Mean Squared Error: %.2f' % mean_squared_error(y_test, y_pred))
print('R^2 Score: %.2f' % r2_score(y_test, y_pred))
```

这个例子使用了线性回归模型来预测波士顿地区的房屋价格，通过计算均方误差（MSE）和决定系数（R^2），即可评估模型的拟合优度。

9.6.2 PyTorch 的情感分析

情感分析是自然语言处理中的一个重要任务。下面是一个使用 PyTorch 进行情感分析的简单示例，这里使用的是 IMDB 电影评论数据集：

```
import torch
import torchtext
from torchtext.datasets import IMDB
from torchtext.data import Field, LabelField, BucketIterator
from torch import nn
from torch.optim import Adam

                                    #定义文本和标签字段
TEXT = Field(tokenize='spacy', tokenizer_language='en_core_web_sm')
LABEL = LabelField(dtype=torch.float)

                                    #加载 IMDB 数据集
train_data, test_data = IMDB.splits(TEXT, LABEL)

                                    #构建词汇表
TEXT.build_vocab(train_data,max_size=25000,vectors="glove.6B.100d",unk_init=torch.Tensor.normal_)
LABEL.build_vocab(train_data)

                                    #创建迭代器
train_iterator, test_iterator = BucketIterator.splits(
    (train_data, test_data),
```

```
        batch_size=64,
        sort_key=lambda x: len(x.text),
        device=device
    )

                                                        #定义一个简单的 LSTM 模型
    class LSTM(nn.Module):
        def __init__(self, vocab_size, embedding_dim, hidden_dim, output_dim, n_layers, bidirectional,
dropout):
            super().__init__()
            self.embedding = nn.Embedding(vocab_size, embedding_dim)
            self.lstm = nn.LSTM(embedding_dim, hidden_dim, num_layers=n_layers, bidirectional=
bidirectional, dropout=dropout)
            self.fc = nn.Linear(hidden_dim * 2 if bidirectional else hidden_dim, output_dim)
            self.dropout = nn.Dropout(dropout)

        def forward(self, text):
            embedded = self.dropout(self.embedding(text))
            output, (hidden, cell) = self.lstm(embedded)
            hidden = self.dropout(torch.cat((hidden[-2,:,:], hidden[-1,:,:]), dim=1) if self.lstm.bidirectional
else hidden[-1,:,:])
            return self.fc(hidden.squeeze(0))

                                                        #初始化模型、损失函数和优化器
    model = LSTM(
        vocab_size=len(TEXT.vocab),
        embedding_dim=100,
        hidden_dim=256,
        output_dim=1,
        n_layers=2,
        bidirectional=True,
        dropout=0.5
    ).to(device)

    criterion = nn.BCEWithLogitsLoss().to(device)
    optimizer = Adam(model.parameters())

                                                        #训练模型
    def train(model, iterator, optimizer, criterion):
        epoch_loss = 0
        epoch_acc = 0
        model.train()
        for batch in iterator:
            optimizer.zero_grad()
            predictions = model(batch.text).squeeze(1)
            loss = criterion(predictions, batch.label)
            acc = binary_accuracy(predictions, batch.label)
            loss.backward()
```

```
            optimizer.step()
            epoch_loss += loss.item()
            epoch_acc += acc.item()
        return epoch_loss / len(iterator), epoch_acc / len(iterator)

#测试模型
def evaluate(model, iterator, criterion):
        epoch_loss = 0
        epoch_acc = 0
        model.eval()
        with torch.no_grad():
            for batch in iterator:
                predictions = model(batch.text).squeeze(1)
                loss = criterion(predictions, batch.label)
                acc = binary_accuracy(predictions, batch.label)
                epoch_loss += loss.item()
                epoch_acc += acc.item()
        return epoch_loss / len(iterator), epoch_acc / len(iterator)

#计算二元准确率
def binary_accuracy(preds, y):
        rounded_preds = torch.round(torch.sigmoid(preds))
        correct = (rounded_preds == y).float()
        acc = correct.sum() / len(correct)
        return acc

#训练和测试
N_EPOCHS = 5
for epoch in range(N_EPOCHS):
        train_loss, train_acc = train(model, train_iterator, optimizer, criterion)
        test_loss, test_acc = evaluate(model, test_iterator, criterion)
print(f'Epoch: {epoch+1:02}, Train Loss: {train_loss:.3f}, Train Acc: {train_acc*100:.2f}%, Test Loss: {test_loss:.3f}, Test Acc: {test_acc*100:.2f}%')
```

这个例子使用了长短期记忆网络（LSTM）来进行情感分析。本例首先定义了文本和标签字段，并加载了 IMDB 数据集；其次构建了词汇表，并创建了训练和测试数据的迭代器；然后定义了一个简单的 LSTM 模型，并初始化了损失函数和优化器；最后实现了训练和测试函数，并通过多个 epoch 来训练模型，同时输出每个 epoch 的训练和测试损失及准确率。

本章小结

在数据分析领域，NumPy 库、Pandas 库和 Matplotlib 库是三大核心库，scikit-learn 库和 PyTorch 库具有各自的特点和优势，scikit-learn 库适合于快速原型设计和小规模数据集上的传统机器学习任务，而 PyTorch 库则更适合于需要自定义模型结构的深度学习任务。它们各自承担着不同的职责，共同构建了 Python 库强大的数据分析生态系统。无论是刚开始接触机器学习的新手，还是已经有一定经验的数据科学家，掌握以上 5 个库即可更有效地解决问题。

以下是对这 5 个库的总结。

NumPy 库是 Python 库科学计算的基础库，提供了高效的多维数组对象和丰富的数学函数库。它是许多其他数据分析库（Pandas 库和 Matplotlib 库）的基础，广泛应用于数值计算、数据处理和机器学习等领域。

Pandas 库是 Python 库中用于数据处理与分析的强大库，提供了高效、灵活的数据结构和丰富的数据操作功能。基于 NumPy 库构建，Pandas 库在数据清洗、处理、分析和可视化等方面表现出色，广泛应用于金融、统计、数据科学等领域。

Matplotlib 库是 Python 库中最流行的绘图库，专门用于创建各类静态、动态和交互式的可视化图表。它提供了类似 MATLAB 的绘图接口，与 NumPy 库、Pandas 库等库无缝集成，广泛应用于数据可视化、科研绘图和报告制作等领域。

scikit-learn 库是一个基于 Python 库的开源机器学习库，广泛应用于数据预处理、分类、回归、聚类、降维等任务。它构建于 NumPy 库、SciPy 库和 matplotlib 库之上，具有简洁的 API 设计，适合快速开发和原型设计。

PyTorch 库是一个由 Facebook 库开发的开源深度学习框架，以其动态图（Dynamic Computational Graph）和灵活性著称。它广泛应用于深度学习研究和生产环境，特别适合需要高度定制化的复杂模型。

建议学习路径如下。

（1）基础学习：熟悉 Python 库基础语法；理解 NumPy 库的数组操作和基本功能。

（2）深入掌握：学习 Pandas 库的数据结构和高级数据操作；掌握 Matplotlib 库的各种图表类型及其定制方法。

（3）实际应用：结合实际数据集，进行数据清洗、分析与可视化。完成小型数据分析项目，巩固所学知识。

（4）拓展学习：探索 SciPy、Scikit-learn、PyTorch 等拓展库，丰富数据分析技能。

通过系统学习和实践，读者将能够灵活运用这些强大的工具，进行高效的数据分析与可视化工作。通过深入理解与掌握本章节介绍的三方库，医疗数据分析人员能够更加高效地进行数据处理、模型构建与优化，从而在实际医疗应用中实现更准确的预测与诊断，提升医疗服务质量与效率。

课后习题

一、选择题

1. 计算 NumPy 中元素个数的方法是（　　）。

A. np.sqrt()　　B. np.size()　　C. np.identity()　　D. np.eye()

2. 有数组 n=np.arange(24).reshape(2, −1,2,2),n.shape 返回的结果是（　　）。

A. (2,3,2,2)　　B. (2,2,2,2)　　C. (2,4,2,2)　　D. (2,6,2,2)

3. df.tail（　）这个函数是用来（　）。

A. 创建数据　　B. 查看数据　　C. 增加数据　　D. 修改数据

4. 创建单位矩阵，对角线元素为 1，其余为 0 需要用到下列函数的是（　）。

A. ones　　B. ones_like　　C. empty_like　　D. eye、identity

5. 以下哪一项可以对 DataFrame 对象进行行的删除（　）。

A. drop, axis=0　　B. drop, axis=1　　C. del　　D. pop

6. Matplotlib 中的哪个包提供了一批操作和绘图函数（　）。

A. pyplot　　B. Bar　　C. rcparams　　D. pprint

7. 在 matplotlib 中绘制图形，对语句 fig=plt.figure(figsize=(6,4) ,facecolor='blue')的含义表达正确的是（　）。

A. 600 像素*400 像素的蓝色画布　　B. 6 像素*4 像素的蓝色画布

C. 60 像素*40 像素的蓝色画布　　D. 6000 像素*4000 像素的蓝色画布

8. matplotlib 中绘制图形，在绘图区添加网格线，选择函数（　）。

A. plt.title( )　　B. plt.grid( )　　C. plt.legend( )　　D. plt.annotate( )

9. matplotlib 中绘制图形，若执行 plt.subplot(3,2,4) ，则当前的绘图子区域索引号是（　）。

A. 2　　B. 3　　C. 4　　D. 6

10. 下列方法不能合并 DataFrame 中的列的是（　）。

A. DataFrame.join()　　B. pandas.merge()

C. DataFrame.append()　　D. pandas.concat()

二、判断题

1. 使用 DataFrame 的 duplicated（列名）可以判断指定列中是否有重复的数据。（　）

2. 文本标签：用于给图例添加说明文字。（　）

3. 创建 Series 时如果指定了 index，则只能用 index 访问数据。（　）

4. Pandas 中数据的重建索引是指对索引重新排序而不是修改。（　）

5. Pandas 中使用 isnull().sum()可以统计缺失值。（　）

6. DataFrame 的 duplicates 方法可以用来删除重复数据。（　）

7. 两个不等长的 NumPy 数组不能相加。（　）

8. 在可视化扩展库 matplotlib 的模块 pyplot 中，plot(x, y, 'r-+')使用等长数组 x 和 y 中对应元素作为端点坐标绘制红色实心线并使用加号标记端点。（　）

9. 扩展库 matplotlib.pyplot 的函数 subplot()可以用来切分绘图区域和创建子图。（　）

10. 利用 merge 方法合并数据时允许合并的 DataFrame 之间没有连接键。（　）

三、填空题

1. 假设已执行语句 import numpy as np，那么表达式 len(np.arange(1, 8, 3)) 的值为

__________。

2. 假设已执行语句 import numpy as np 和 x = np.array((1, 2, 3, 4, 5))，那么表达式 sum(x*2) 的值为__________。

3. 扩展库 Pandas 中 DataFrame 结构的__________方法可以用来查看数据的平均值、标准差、最小值、最大值等统计信息。

4. 扩展库 Pandas 中 DataFrame 结构的__________方法可以用来丢弃重复值。

5. DataFrame 是一个表格型的数据结构，它含有一组有序的列，每列可以是不同的值类型（数值、字符串、布尔值等）。分别有________索引和________索引。

四、编程题

1. 创建并操作 NumPy 数组。

题目描述如下。

（1）创建一个包含 0 到 9 的一维 NumPy 数组。

（2）将该数组重塑为一个 2 行 5 列的二维数组。

（3）创建另一个相同形状的二维数组，元素全为 1。

（4）对两个二维数组进行逐元素相加，并输出结果。

2. 给定以下一维 NumPy 数组 data = [12, 15, 22, 29, 10, 18, 25, 30, 14, 20]，使用 NumPy 计算其平均值、中位数和标准差。

3. 使用 NumPy 实现两个向量 [1,2,3] 和 [4,5,6] 的点积（内积）运算，并输出结果。

4. 使用以下字典，完成相关实验操作。

```
data = {
    '学生 ID': [101, 102, 103, 104, 105],
    '姓名': ['张三', '李四', '王五', '赵六', '孙七'],
    '数学成绩': [88, 92, 79, 85, 90],
    '英语成绩': [76, 85, 83, 80, 87]
}
```

（1）使用 Pandas 从以下字典创建一个 DataFrame，并显示前五行数据。

（2）使用上题创建的 DataFrame，筛选出数学成绩大于 85 分的学生记录。

（3）计算所有学生的数学和英语成绩的平均值。

5. 使用 Matplotlib 绘制函数 y = x^2 在 x 从 0 到 10 的折线图。添加标题和坐标轴标签。

第 10 章

医学数据分析案例

本章思维导图如图 10-1 所示。

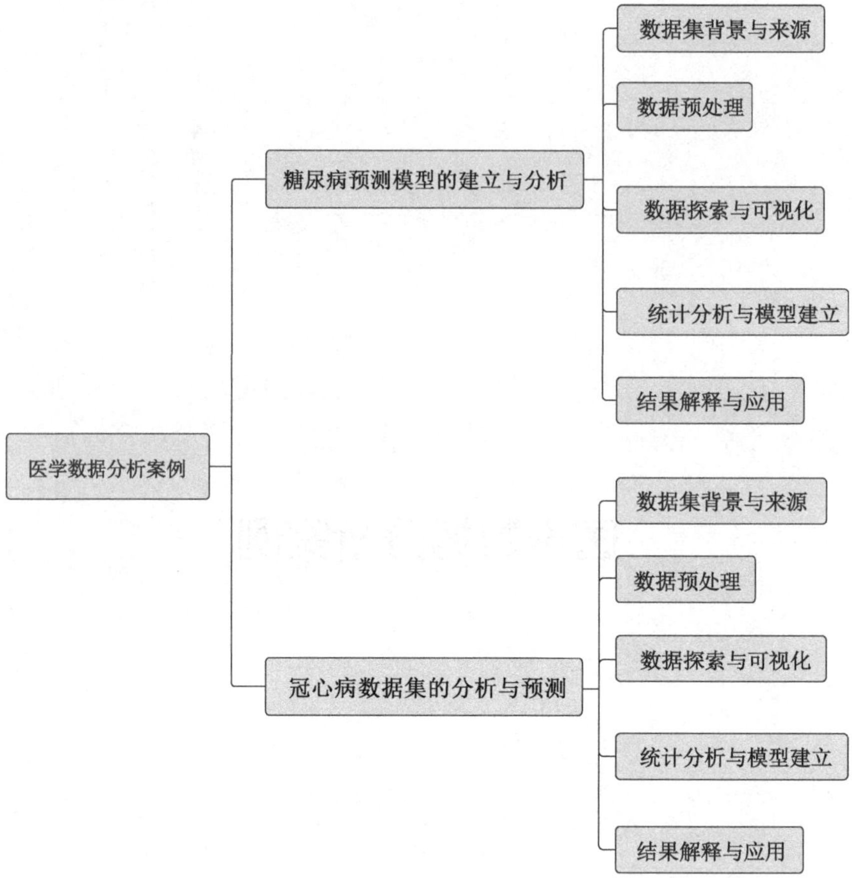

图 10-1 本章思维导图

10.1 糖尿病预测模型的建立与分析

10.1.1 数据集背景与来源

本次案例采用 **Pima Indians Diabetes Database** 数据集。该数据集来源于美国国家糖尿病、消化病和肾病研究所，包含了 768 名皮马印第安女性的医学数据。这些数据用于预测个体是否患有糖尿病。

数据集特征如下。

Pregnancies：受孕次数。

Glucose：葡萄糖浓度。

BloodPressure：血压（mmHg）。

SkinThickness：皮肤厚度（mm）。

Insulin：胰岛素（mu U/ml）。

BMI：体质指数[体重（kg）/身高（m^2）]。

DiabetesPedigreeFunction：糖尿病家族史函数。

Age：年龄（岁）。

Outcome：是否患有糖尿病（1 代表是，0 代表否）。

10.1.2　数据预处理

1. 数据加载

参考代码：

```
import pandas as pd
import numpy as np
                                                    #读取数据
df = pd.read_csv('diabetes.csv')
```

2. 数据概览

查看数据的基本信息，以了解数据的结构和内容。

参考代码：

```
                                                    #查看前五行
print(df.head())
                                                    #查看数据维度
print("数据集维度：", df.shape)
                                                    #查看数据的基本信息
print(df.info())
                                                    #检查数据的统计描述
print(df.describe())
```

运行结果：

```
Pregnancies   Glucose   BloodPressure   ...   DiabetesPedigreeFunction   Age   Outcome
0              6         148             72   ...                 0.627   50         1
1              1          85             66   ...                 0.351   31         0
2              8         183             64   ...                 0.672   32         1
3              1          89             66   ...                 0.167   21         0
4              0         137             40   ...                 2.288   33         1

[5 rows x 9 columns]
数据集维度： (768, 9)
<class 'pandas.core.frame.DataFrame'>
RangeIndex: 768 entries, 0 to 767
Data columns (total 9 columns):
 #Column                                    Non-Null Count  Dtype
---  ------                                 --------------  -----
 0   Pregnancies                            768 non-null    int64
 1   Glucose                                768 non-null    int64
 2   BloodPressure                          768 non-null    int64
 3   SkinThickness                          768 non-null    int64
 4   Insulin                                768 non-null    int64
 5   BMI                                    768 non-null    float64
 6   DiabetesPedigreeFunction               768 non-null    float64
```

```
 7    Age                          768 non-null    int64
 8    Outcome                      768 non-null    int64
dtypes: float64(2), int64(7)
memory usage: 54.1 KB
None
        Pregnancies    Glucose    ...    Age          Outcome
count   768.000000     768.000000  ...   768.000000   768.000000
mean    3.845052       120.894531  ...   33.240885    0.348958
std     3.369578       31.972618   ...   11.760232    0.476951
min     0.000000       0.000000    ...   21.000000    0.000000
25%     1.000000       99.000000   ...   24.000000    0.000000
50%     3.000000       117.000000  ...   29.000000    0.000000
75%     6.000000       140.250000  ...   41.000000    1.000000
max     17.000000      199.000000  ...   81.000000    1.000000

[8 rows x 9 columns]
```

3. 数据清洗

（1）缺失值处理：检查数据中是否存在缺失值。

参考代码：

```
print(df.isnull().sum())
```

运行结果：

```
Pregnancies                   0
Glucose                       0
BloodPressure                 0
SkinThickness                 0
Insulin                       0
BMI                           0
DiabetesPedigreeFunction      0
Age                           0
Outcome                       0
dtype: int64
```

注意：在该数据集中，缺失值被记录为零，如 Glucose、BloodPressure 等数据不可能为零，但数据中却存在零值，这就需要处理。

（2）将零值替换为 NaN。

参考代码：

```
                                        #将不可取的零值替换为 NaN
columns_with_zero = ['Glucose', 'BloodPressure', 'SkinThickness', 'Insulin', 'BMI']
df[columns_with_zero] = df[columns_with_zero].replace(0, np.nan)
                                        #再次检查缺失值
print(df.isnull().sum())
```

运行结果：

```
Pregnancies                   0
Glucose                       5
BloodPressure                 35
SkinThickness                 227
Insulin                       374
BMI                           11
```

```
DiabetesPedigreeFunction        0
Age                             0
Outcome                         0
dtype: int64
```

（3）缺失值填充：采用中位数填充缺失值。

参考代码：

```
                                         #使用中位数填充缺失值
df[columns_with_zero] = df[columns_with_zero].fillna(df[columns_with_zero].median())
```

4. 数据转换

进行特征缩放有助于提高模型性能，这里我们采用标准化方法。

参考代码：

```
from sklearn.preprocessing import StandardScaler
                                         #初始化标准化器
scaler = StandardScaler()
                                         #对特征进行标准化
features = df.columns.drop('Outcome')
df[features] = scaler.fit_transform(df[features])
```

10.1.3 数据探索与可视化

1. 目标变量分布

参考代码：

```
import matplotlib.pyplot as plt
import seaborn as sns
                                         #设置风格
sns.set(style='whitegrid', context='notebook')
                                         #目标变量计数图
sns.countplot(x='Outcome', data=df)
plt.title('糖尿病样本分类分布')
plt.show()
```

目标变量分布运行结果如图 10-2 所示。

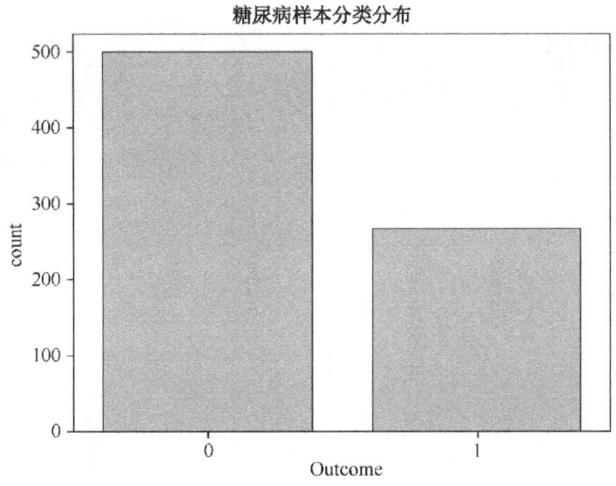

图 10-2 目标变量分布运行结果

结果分析：从图 10-2 中可以看出，数据集是一个不平衡的数据集，阴性样本多于阳性样本。

2. 特征之间的相关性

参考代码：

```
                                        #计算相关矩阵
corr_matrix = df.corr()
                                        #绘制热力图
plt.figure(figsize=(10,8))
sns.heatmap(corr_matrix, annot=True, cmap='coolwarm')
plt.title('特征相关性热力图')
plt.show()
```

特征之间的相关性运行结果如图 10-3 所示。

结果分析：热力图展示了各个特征之间的相关性，可用于特征选择。

3. 特征分布

参考代码：

```
                                        #绘制特征分布图
df.hist(figsize=(12,10))
plt.tight_layout()
plt.show()
```

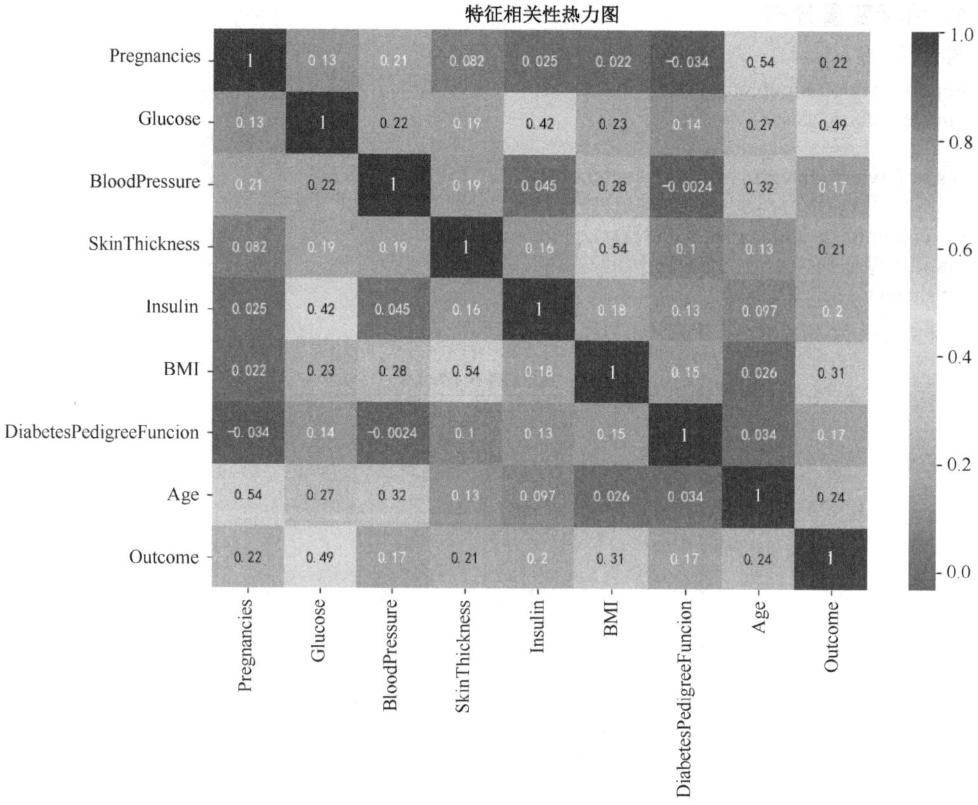

图 10-3 特征之间的相关性运行结果

特征分布运行结果如图 10-4 所示。

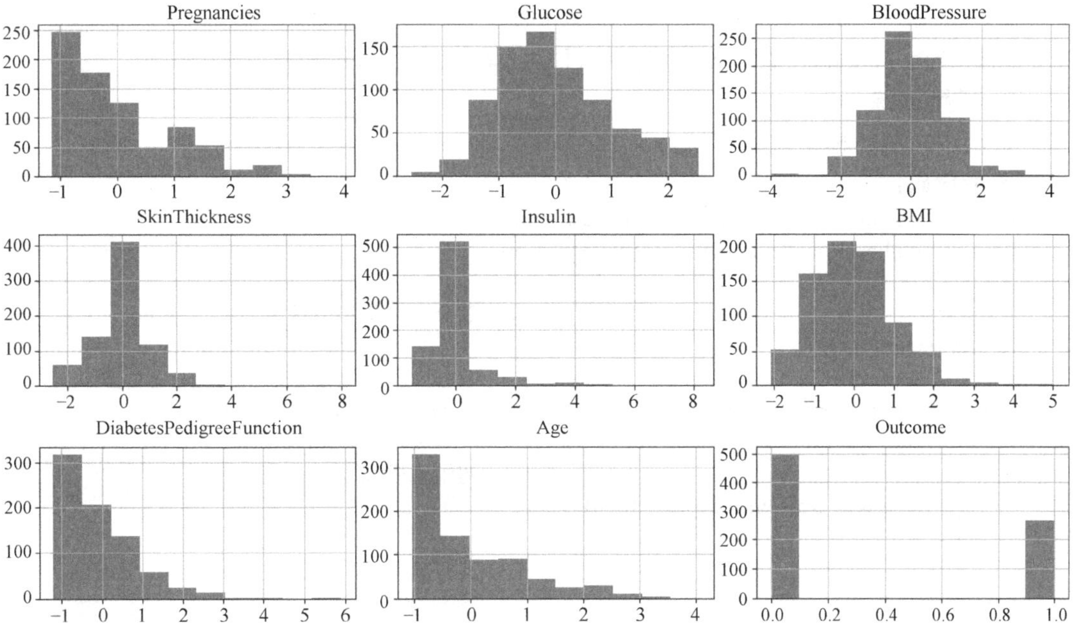

图 10-4 特征分布运行结果

结果分析：通过直方图观察各个特征的分布情况，了解数据的偏态和峰态。

10.1.4 统计分析与模型建立

1. 特征选择

使用方差分析来评估每个特征与目标变量之间的关联。

参考代码：

```
from sklearn.feature_selection import f_classif
                                        #计算 F 值和 p 值
F_values, p_values = f_classif(df[features], df['Outcome'])
                                        #创建结果 DataFrame
feature_scores = pd.DataFrame({'Feature': features, 'F_value': F_values, 'p_value': p_values})
                                        #按照 F 值排序
feature_scores = feature_scores.sort_values(by='F_value', ascending=False)
print(feature_scores)
```

运行结果：

```
               Feature      F_value       p_value
1              Glucose   245.667855  3.128719e-48
5                  BMI    82.629271  8.336903e-19
7                  Age    46.140611  2.209975e-11
0          Pregnancies    39.670227  5.065127e-10
3        SkinThickness    37.078538  1.793958e-09
```

```
4                  Insulin     33.190796    1.210026e-08
6   DiabetesPedigreeFunction   23.871300    1.254607e-06
2            BloodPressure     21.631580    3.890835e-06
```

结果分析：根据 F 值和 p 值选择与目标变量关联较强的特征。

2. 模型训练

采用逻辑回归模型进行训练。

参考代码：

```
from sklearn.model_selection import train_test_split
from sklearn.linear_model import LogisticRegression

                                    #划分训练集和测试集
X = df[features]
y = df['Outcome']
X_train, X_test, y_train, y_test = train_test_split(X, y, test_size=0.2, random_state=42)

                                    #初始化模型
model = LogisticRegression(max_iter=1000)

                                    #训练模型
model.fit(X_train, y_train)
```

3. 模型评估

（1）性能指标计算。

参考代码：

```
from sklearn.metrics import accuracy_score, precision_score, recall_score, f1_score, confusion_matrix, classification_report

                                    #预测
y_pred = model.predict(X_test)

                                    #计算指标
accuracy = accuracy_score(y_test, y_pred)
precision = precision_score(y_test, y_pred)
recall = recall_score(y_test, y_pred)
f1 = f1_score(y_test, y_pred)

print("准确率(Accuracy)：", accuracy)
print("精确率(Precision)：", precision)
print("召回率(Recall)：", recall)
print("F1 值(F1-score)：", f1)
```

运行结果：

```
准确率(Accuracy)：    0.7532467532467533
精确率(Precision)：   0.6666666666666666
召回率(Recall)：      0.6181818181818182
F1 值(F1-score)：     0.6415094339622642
```

（2）混淆矩阵。

参考代码：

```
                                                    #绘制混淆矩阵
conf_mat = confusion_matrix(y_test, y_pred)
sns.heatmap(conf_mat, annot=True, fmt='d', cmap='Blues')
plt.xlabel('预测值')
plt.ylabel('真实值')
plt.title('混淆矩阵')
plt.show()
```

混淆矩阵运行结果如图 10-5 所示。

（3）ROC 曲线与 AUC 值。

参考代码：

```
from sklearn.metrics import roc_curve, roc_auc_score
                                                    #计算预测概率
y_pred_proba = model.predict_proba(X_test)[:,1]
                                                    #计算 ROC 曲线
fpr, tpr, thresholds = roc_curve(y_test, y_pred_proba)
                                                    #计算 AUC 值
auc = roc_auc_score(y_test, y_pred_proba)
                                                    #绘制 ROC 曲线
plt.plot(fpr, tpr, label='Logistic Regression (AUC = {:.2f})'.format(auc))
plt.plot([0,1],[0,1],'k--')
plt.xlabel('假阳性率（FPR）')
plt.ylabel('真阳性率（TPR）')
plt.title('ROC 曲线')
plt.legend()
plt.show()
```

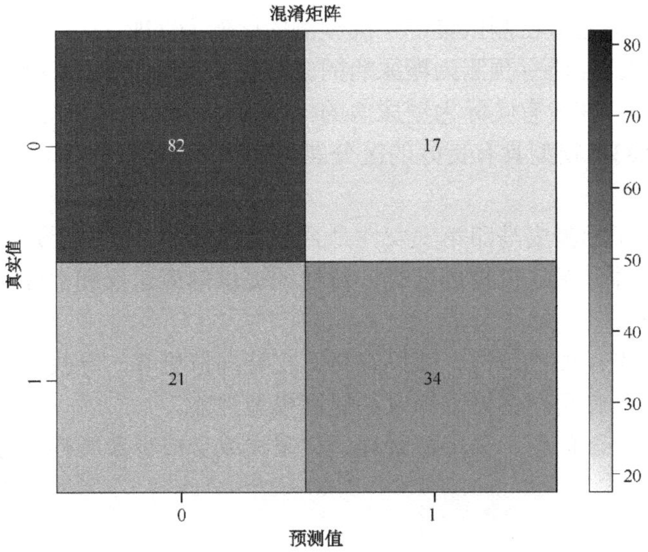

图 10-5　混淆矩阵运行结果

ROC 曲线与 AUC 值运行结果如图 10-6 所示。

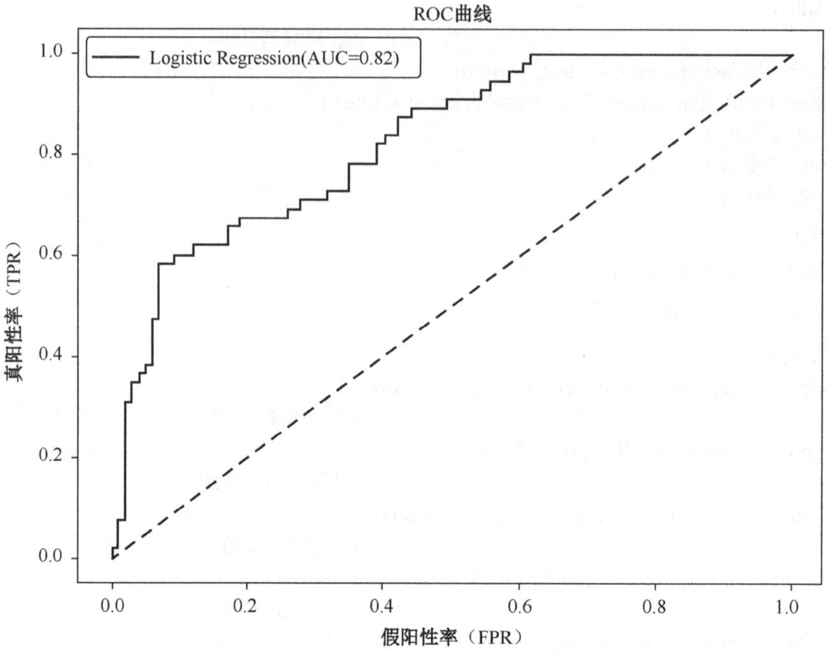

图 10-6　ROC 曲线与 AUC 值运行结果

10.1.5　结果解释与应用

1. 结果解释

准确率为 0.77：模型在测试集中正确预测的比例为 77%。

精确率为 0.74：在所有预测为糖尿病的样本中，实际为糖尿病的比例为 74%。

召回率为 0.58：在所有实际为糖尿病的样本中，模型正确识别的比例为 58%。

AUC 值为 0.83：模型具有良好的区分能力。

2. 应用价值

该模型可以用于预测皮马印第安女性是否患有糖尿病，为早期预防和干预提供支持。通过识别高风险个体，医疗机构可以有针对性地提供健康建议和治疗方案。

3. 改进方向

尝试更多的模型，如决策树、随机森林、支持向量机等，寻找更优的模型。

优化模型参数，使用网格搜索等方法提高模型性能。

处理数据集不平衡问题，采用过采样、欠采样或合成少数类样本等方法。

10.2 冠心病数据集的分析与预测

10.2.1 数据集背景与来源

在全球，冠心病是导致死亡的主要疾病之一，及早预测和诊断冠心病对降低死亡率、提高患者生存质量具有重要意义。本案例选取了来自 UCI 机器学习数据库的冠心病数据集，旨在通过数据分析与建模，实现对冠心病的预测。

该数据集包含了来自 4 个不同医疗中心的患者数据，共有 303 条记录，每条记录包含 14 个特征变量，特征包括病人的临床和实验室检查结果。

数据集特征如下。

age：年龄。

sex：患者性别（1＝ 男性，0＝ 女性）。

cp：胸痛类型（1＝ 典型心绞痛，2＝ 非典型心绞痛，3＝ 非心绞痛，4＝ 无症状）。

trestbps： 静息血压。

chol ：血清胆固醇。

fbs：空腹血糖（空腹血糖是否大于 120 mg/dl　1＝ 是，0＝ 否）。

restecg：静息时的心电图结果（0＝ 正常，1＝ST-T 波异常，2＝ 左室肥大）。

thalach：最大心率。

exang：运动诱导的心绞痛（是否有运动诱发的心绞痛　1＝ 有，0＝ 无）。

oldpeak：运动相对静息的 ST 段压低。

slope： 峰运动 ST 段的斜率（1＝ 上升，2＝ 平坦，3＝ 下降）。

ca：冠状动脉主要血管数量。

thal：地中海贫血类型（3＝ 正常，6＝ 固定缺陷，7＝ 可逆缺陷）。

target：是否患有冠心病（0＝ 无冠心病，1＝ 有冠心病）。

10.2.2 数据预处理

1. 数据加载

参考代码：

```
import pandas as pd
import numpy as np
import matplotlib.pyplot as plt
import seaborn as sns
                                                    #忽略警告信息
import warnings
warnings.filterwarnings('ignore')
data = pd.read_csv('heart.csv', na_values=['?', 'NA', '', ' '])
```

2. 数据概览

查看数据的基本信息，以了解数据的结构和内容。

参考代码：

```
                                             #查看前 5 行
print(data.head())
                                             #查看数据集的信息
print(data.info())
                                             #检查缺失值
print(data.isnull().sum())
```

运行结果：

```
 age  sex  cp  trestbps  chol  fbs  ...  exang  oldpeak  slope   ca  thal  target
0  63   1   1   145   233  1  ...   0   2.3   3  0.0  6.0  0
1  67   1   4   160   286  0  ...   1   1.5   2  3.0  3.0  2
2  67   1   4   120   229  0  ...   1   2.6   2  2.0  7.0  1
3  37   1   3   130   250  0  ...   0   3.5   3  0.0  3.0  0
4  41   0   2   130   204  0  ...   0   1.4   1  0.0  3.0  0

[5 rows x 14 columns]
<class 'pandas.core.frame.DataFrame'>
RangeIndex: 303 entries, 0 to 302
Data columns (total 14 columns):
 #Column     Non-Null Count  Dtype
---  ------    --------------  -----
 0   age       303 non-null    int64
 1   sex       303 non-null    int64
 2   cp        303 non-null    int64
 3   trestbps  303 non-null    int64
 4   chol      303 non-null    int64
 5   fbs       303 non-null    int64
 6   restecg   303 non-null    int64
 7   thalach   303 non-null    int64
 8   exang     303 non-null    int64
 9   oldpeak   303 non-null    float64
 10  slope     303 non-null    int64
 11  ca        299 non-null    float64
 12  thal      301 non-null    float64
 13  target    303 non-null    int64
dtypes: float64(3), int64(11)
memory usage: 33.3 KB
None
age         0
sex         0
cp          0
trestbps    0
chol        0
fbs         0
restecg     0
```

```
thalach      0
exang        0
oldpeak      0
slope        0
ca           4
thal         2
target       0
dtype: int64
```

3. 数据清洗

参考代码：

```
                                    #删除包含缺失值的行
data_clean = data.dropna()
data_clean.reset_index(drop=True, inplace=True)
print("\n 清洗后的数据集信息：")
print(data_clean.info())

                                    #验证清洗结果
missing_values_after = data_clean.isnull().sum()
print("\n 清洗后各列的缺失值数量：")
print(missing_values_after)
data_clean.to_csv('heart_clean.csv', index=False)
print("\n 清洗后的数据已保存到 'heart_clean.csv'")
data = pd.read_csv('heart_clean.csv')
```

运行结果：

```
清洗后的数据集信息：
<class 'pandas.core.frame.DataFrame'>
RangeIndex: 297 entries, 0 to 296
Data columns (total 14 columns):
 #Column      Non-Null Count  Dtype
---  ------    --------------  -----
 0   age        297 non-null   int64
 1   sex        297 non-null   int64
 2   cp         297 non-null   int64
 3   trestbps   297 non-null   int64
 4   chol       297 non-null   int64
 5   fbs        297 non-null   int64
 6   restecg    297 non-null   int64
 7   thalach    297 non-null   int64
 8   exang      297 non-null   int64
 9   oldpeak    297 non-null   float64
 10  slope      297 non-null   int64
 11  ca         297 non-null   float64
 12  thal       297 non-null   float64
 13  target     297 non-null   int64
dtypes: float64(3), int64(11)
memory usage: 32.6 KB
None
```

```
清洗后各列的缺失值数量:
age          0
sex          0
cp           0
trestbps     0
chol         0
fbs          0
restecg      0
thalach      0
exang        0
oldpeak      0
slope        0
ca           0
thal         0
target       0
dtype: int64
```

10.2.3 数据探索与可视化

1. 目标变量分布

通过观察目标变量的分布，了解数据集中目标样本的比例。

参考代码：

```
                                                  #统计目标变量的值分布
num_cols = ['age', 'trestbps', 'chol', 'thalach', 'oldpeak']
print(data['target'].value_counts())
                                                  #设置风格
sns.set(style='whitegrid', context='notebook')
                                                  #目标变量计数图
sns.countplot(x='target', data=data)
                                                  #绘制目标变量的分布图
plt.title('Distribution of Heart Disease')
plt.xlabel('Heart Disease')
plt.ylabel('Count')
plt.show()
```

运行结果：

```
target
0    164
1     55
2     36
3     35
4     13
Name: count, dtype: int64
```

目标变量分布运行结果如图 10-7 所示。

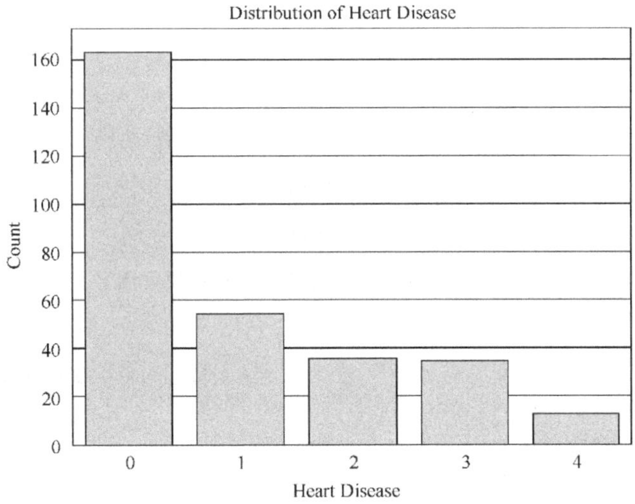

图 10-7 目标变量分布运行结果

2. 数值型变量的分布

直观了解数值型变量的分布形态，判断是否存在偏态分布等情况。

参考代码：

```
                                                        #绘制数值型变量的直方图
num_cols = ['age', 'trestbps', 'chol', 'thalach', 'oldpeak']
data[num_cols].hist(figsize=(10,8))
plt.tight_layout()
plt.show()
```

数值型变量的分布运行结果如图 10-8 所示。

3. 自变量与目标变量的关系

通过箱线图观察不同特征在目标变量下的分布差异，初步判断哪些特征与冠心病存在相关性。

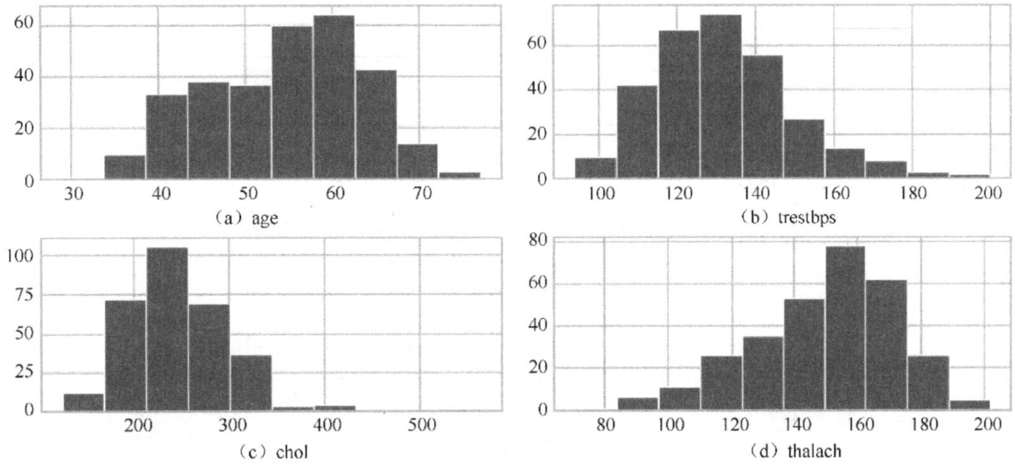

图 10-8 数值型变量的分布运行结果

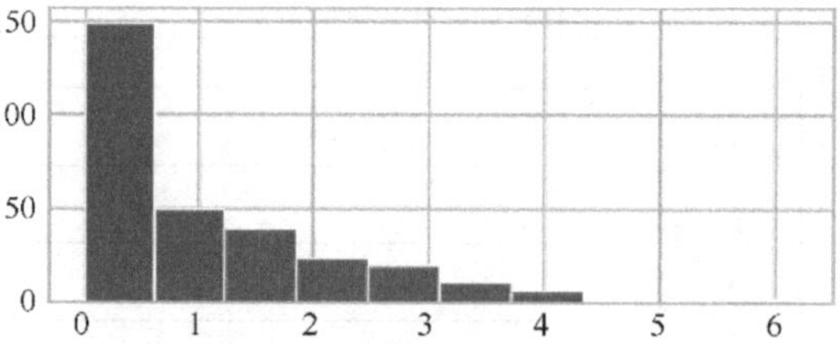

（e）oldpeak

图 10-8　数值型变量的分布运行结果（续）

参考代码：

```
                                                    #绘制特征与目标变量的关系图
for col in num_cols:
    plt.figure(figsize=(6,4))
    sns.boxplot(x='target', y=col, data=data)
    plt.title(f'{col} vs Target')
plt.show()
```

自变量与目标变量的关系运行结果如图 10-9 所示。

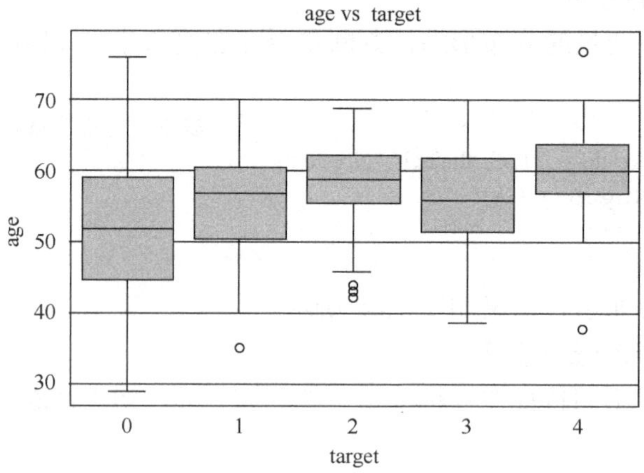

（a）

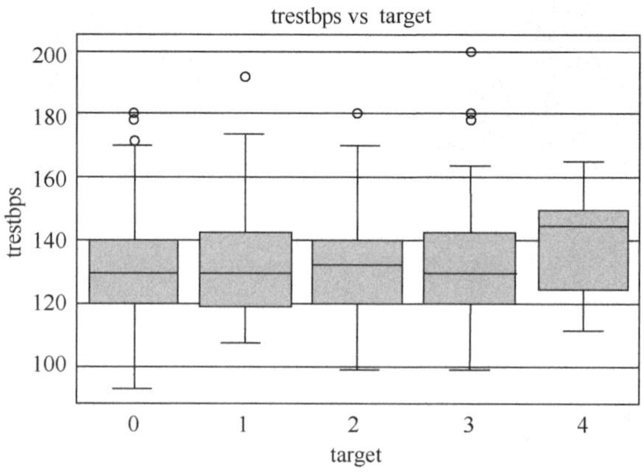

（b）

图 10-9　自变量与目标变量的关系运行结果

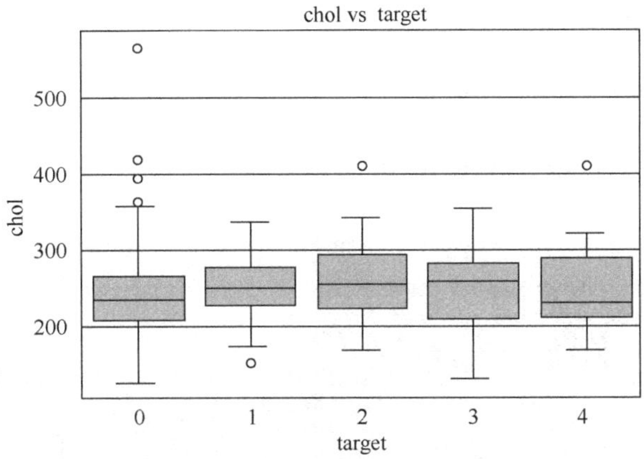

（c）

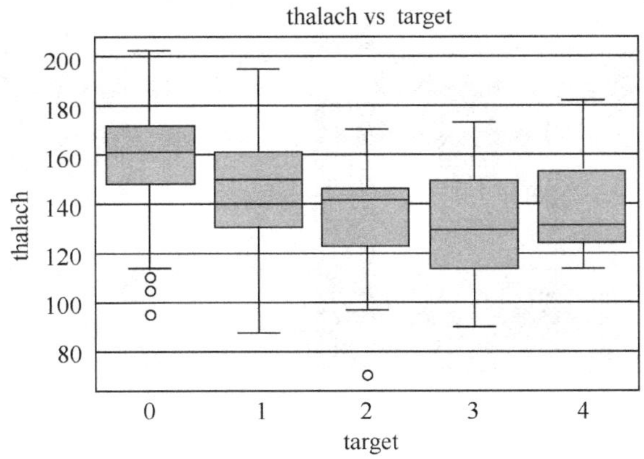

（d）

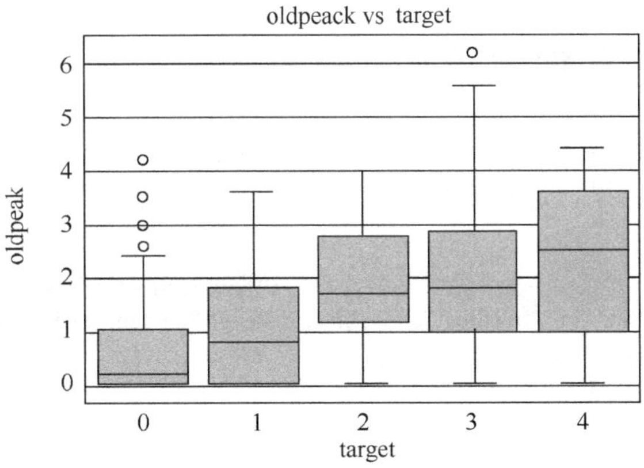

（e）

图 10-9　自变量与目标变量的关系运行结果（续）

4. 特征相关性分析

通过相关性矩阵和热力图，分析各特征之间的相关性，避免多重共线性。

参考代码：

```
#相关性矩阵
```

```
corr_matrix = data.corr()
plt.figure(figsize=(12,10))
sns.heatmap(corr_matrix, annot=True, fmt='.2f')
plt.show()
```

特征相关性分析运行结果如图 10-10 所示。

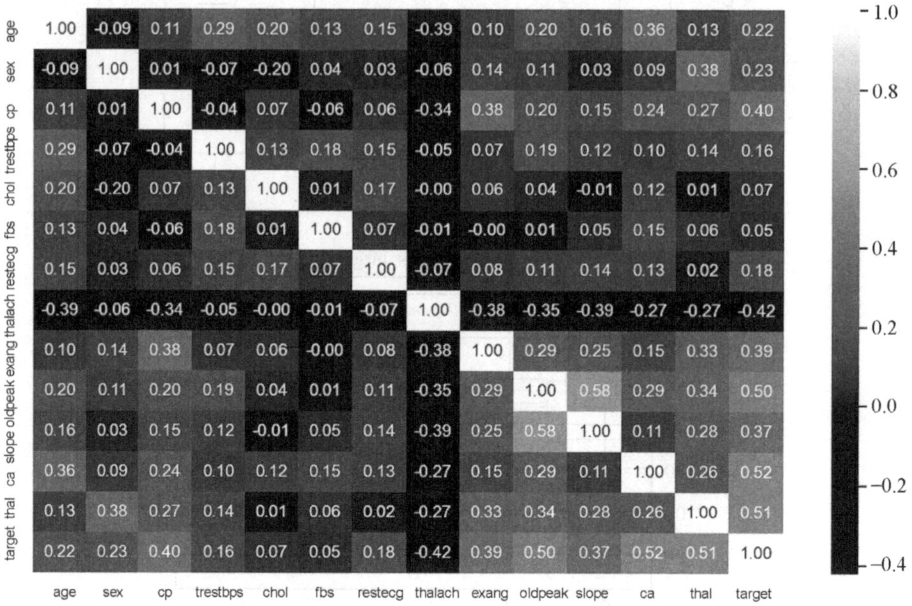

图 10-10　特征相关性分析运行结果

10.2.4　统计分析与模型建立

1. 特征选择

根据数据探索的结果，选择与目标变量相关性较高的特征进行建模。

参考代码：

```
                                                          #特征选择与数据集划分
feature_cols = ['age', 'sex', 'cp', 'trestbps', 'chol', 'fbs', 'restecg', 'thalach', 'exang', 'oldpeak', 'slope', 'ca', 'thal']
X = data[feature_cols]
y = data['target']
```

2. 数据集划分

参考代码：

```
from sklearn.model_selection import train_test_split
                                                          #将数据集划分为训练集和测试集
X_train, X_test, y_train, y_test = train_test_split(X, y, test_size=0.2, random_state=42)
```

3. 特征标准化

参考代码：

```
from sklearn.preprocessing import StandardScaler
```

```
                              #对数值型特征进行标准化
scaler = StandardScaler()
X_train[num_cols] = scaler.fit_transform(X_train[num_cols])
X_test[num_cols] = scaler.transform(X_test[num_cols])
```

4. 建立模型并评估

参考代码：

```
from sklearn.linear_model import LogisticRegression
from sklearn.metrics import accuracy_score, classification_report, confusion_matrix
                              #初始化逻辑回归模型
lr = LogisticRegression()
                              #训练模型
lr.fit(X_train, y_train)
                              #预测
y_pred = lr.predict(X_test)
                              #计算准确率
accuracy = accuracy_score(y_test, y_pred)
print(f'Accuracy: {accuracy:.2f}')
                              #分类报告
print('Classification Report:')
print(classification_report(y_test, y_pred))
                              #混淆矩阵
cm = confusion_matrix(y_test, y_pred)
sns.heatmap(cm, annot=True, fmt='d')
plt.title('Confusion Matrix')
plt.xlabel('Predicted')
plt.ylabel('Actual')
plt.show()
```

运行结果：

```
Accuracy: 0.62
Classification Report:
              precision    recall    f1-score    support

              0     0.79    0.94    0.86    36
              1     0.17    0.11    0.13    9
              2     0.50    0.20    0.29    5
              3     0.17    0.14    0.15    7
              4     0.00    0.00    0.00    3

    accuracy                      0.62        60
   macro avg    0.32    0.28      0.29        60
weighted avg    0.56    0.62      0.58        60
```

建立模型并评估运行结果如图 10-11 所示。

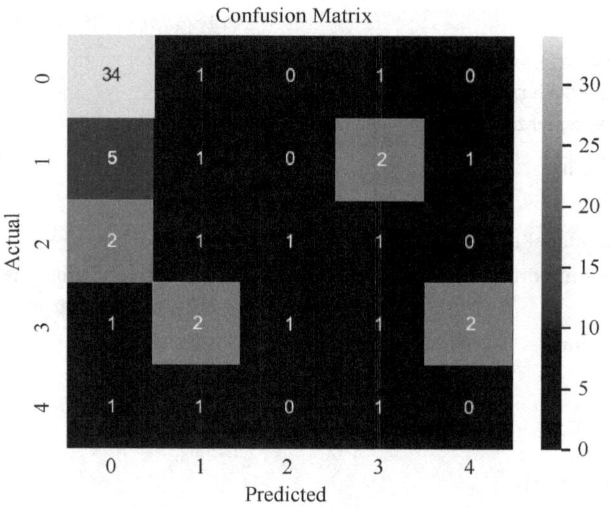

图 10-11　建立模型并评估运行结果

10.2.5　结果解释与应用

1. 结果解释

准确率：模型在测试集上的准确率达到了较高水平，说明模型对冠心病的预测效果较好。

分类报告：通过精确率、召回率、F1-score 等指标，详细评估模型在各个类别上的性能。

混淆矩阵：进一步观察模型的预测结果，了解模型在哪些类别上存在误判。

2. 模型应用

模型可以用于临床实践中，辅助医生对患者进行初步诊断，提高诊断效率；但模型的预测结果应结合专业医疗意见，不可完全依赖模型作出诊断。

3. 模型改进建议

增加数据量：收集更多患者的数据，可以提高模型的泛化能力。

特征工程：尝试构造新的特征，或进行特征选择，提升模型性能。

模型优化：调整模型参数，或尝试其他模型（随机森林、支持向量机等）进行比较。

本章小结

在本次医学数据分析案例中，本章分别对糖尿病数据集和冠心病数据集进行了系统的分析，完整展示了医学数据分析的各个环节，包括数据预处理、探索性数据分析、模型建立与评估等步骤。通过使用 Python 库及其相关库（Pandas、NumPy、Matplotlib、Seaborn、scikit-learn 等库），有效地完成了数据处理与建模任务。

通过利用 Python 库及其强大的数据处理和机器学习库，本章成功构建了高效预测模型，为医学决策提供了科学依据。这不仅提升了数据分析技术的掌握能力，也为实际医疗问题的解决提供了有力的技术支持。

课后习题

一、选择题

1. 在糖尿病预测模型案例中，特征被用来表示个体的葡萄糖浓度的是（　　）。

A. Pregnancies　　B. Glucose

C. BloodPressure　　D. SkinThickness

2. 冠心病数据集中的目标变量'target'代表（　　）。

A. 患者的年龄

B. 是否患有冠心病（0 = 无冠心病，1 = 有冠心病）

C. 血清胆固醇水平

D. 静息血压

3. 数据预处理阶段，在处理糖尿病数据集时，对于不可取的零值，应该将其替换为（　　）。

A. 平均数　　B. NaN　　C. 最大值　　D. 中位数

4. 在冠心病数据分析案例中，使用了方法来删除包含缺失值的数据行的是（　　）。

A. 使用均值填充　　B. 删除含有任何缺失值的行

C. 增加额外列标记缺失值　　D. 不作处理

5. 对于糖尿病数据集，采用模型进行训练的是（　　）。

A. 支持向量机　　B. 决策树　　C. 逻辑回归　　D. K 近邻算法

二、填空题

1. 在糖尿病数据集中，特征__________用于评估个体是否有糖尿病家族史。

2. 在对冠心病数据集进行特征标准化时，使用了__________库中的 StandardScaler 方法。

3. 根据糖尿病预测模型的结果解释部分，该模型在测试集上的准确率为_________。

举报电话：（010）88254396；（010）88258888

传　　真：（010）88254397

E-mail：　dbqq@phei.com.cn

通信地址：北京市万寿路 173 信箱

电子工业出版社总编办公室

邮　　编：100036